RÉPUBLIQUE FRANÇAISE

MINISTÈRE DE L'INTÉRIEUR

DIRECTION DE L'ASSISTANCE ET DE L'HYGIÈNE PUBLIQUES

BUREAU DE L'HYGIÈNE PUBLIQUE.

STATISTIQUE SANITAIRE DES VILLES DE FRANCE

ANNÉE 1890

ET

PÉRIODE QUINQUENNALE 1886-1890.

MORTALITÉ GÉNÉRALE. — PRINCIPALES CAUSES DE DÉCÈS.

MORTALITE PAR MALADIES ÉPIDÉMIQUES

(FIÈVRE TYPHOIDE, VARIOLE, ROUGEOLE, DIPHTÉRIE, SCARLATINE, COQUELUCHE).

MELUN.

IMPRIMERIE ADMINISTRATIVE.

M DCCC XCI.

RÉPUBLIQUE FRANÇAISE

MINISTÈRE DE L'INTÉRIEUR

DIRECTION DE L'ASSISTANCE ET DE L'HYGIÈNE PUBLIQUES

BUREAU DE L'HYGIÈNE PUBLIQUE.

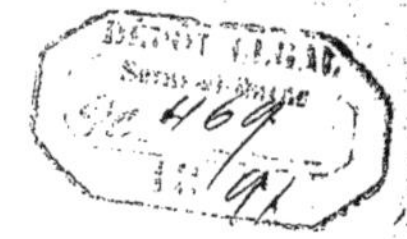

STATISTIQUE SANITAIRE DES VILLES DE FRANCE

ANNÉE 1890

ET

PÉRIODE QUINQUENNALE 1886-1890.

MORTALITÉ GÉNÉRALE. — PRINCIPALES CAUSES DE DÉCÈS.

MORTALITÉ PAR MALADIES EPIDÉMIQUES

(FIÈVRE TYPHOIDE, VARIOLE, ROUGEOLE, DIPHTÉRIE, SCARLATINE, COQUELUCHE).

MELUN
IMPRIMERIE ADMINISTRATIVE.

M DCCC XCI.

SOMMAIRE GÉNÉRAL.

1re Partie. — Relevé sommaire de la mortalité générale et des principales causes de décès pour l'année 1890 dans les villes ou communes de France et d'Algérie de 5.000 habitants, d'après la récapitulation des bulletins mensuels fournis par les municipalités.

2e Partie. — Tableaux statistiques relatifs à l'année 1890 : Mortalité générale. — Mortalité occasionnée par les diverses maladies épidémiques. — Influence de l'épidémie de grippe sur la mortalité générale (tableaux et graphique).

3e Partie. — Récapitulation quinquennale 1886-1890 : Mortalité générale. — Principales causes de décès. — Mortalité occasionnée par les diverses maladies épidémiques (tableaux, graphiques et carte).

Annexe. — Relevés, par périodes hebdomadaires, des admissions et des décès ayant pour cause les maladies épidémiques dans les hôpitaux de Paris et de Lyon, du mois de septembre 1889 au 31 décembre 1890.

OBSERVATIONS GÉNÉRALES.

Tous les chiffres de population mentionnés dans les divers tableaux se rapportent à la *population de fait ou présente* telle qu'elle résulte de l'état C (modèle n° 10) du recensement de 1886 (1).

Les noms et chiffres *en italique* correspondent aux villes n'ayant fourni que des renseignements nuls, partiels ou incomplets.

Le signe - correspond au mot *néant*.
Le signe » signifie *absence de renseignement*.

Villes de Toulon et la Seyne (Var). — La mortalité de l'hôpital maritime *dit de Saint-Mandrier*, quoique relevant de l'état-civil de la commune de la Seyne, a été reportée à la ville de Toulon, à laquelle elle doit être logiquement attachée, et la statistique de la Seyne a été déchargée d'un nombre égal de décès.

(1) La population de fait est la population présente au jour du recensement, comprenant : 1° les personnes *résidentes présentes ;* 2° les personnes *de passage ; 3° la population comptée à part.* Elle résulte du dépouillement des bulletins individuels, d'après lesquels se fait également la répartition des habitants suivant l'âge, le sexe, l'état civil. (La population de droit englobe, comme la population de fait, les personnes résidentes présentes et la population comptée à part, mais elle comprend *en plus* les personnes portées sur les feuilles de ménage comme résidentes absentes et *en moins* les personnes de passage : c'est le recensement de la population résidente.)

STATISTIQUE SANITAIRE DES VILLES DE FRANCE.

PREMIÈRE PARTIE.

RELEVÉ SOMMAIRE

DE LA

MORTALITÉ GÉNÉRALE ET DES PRINCIPALES CAUSES DE DÉCÈS

POUR L'ANNÉE 1890

DANS LES VILLES OU COMMUNES DE FRANCE ET D'ALGÉRIE

AYANT PLUS DE 5.000 HABITANTS

D'APRÈS LA RÉCAPITULATION DES BULLETINS MENSUELS FOURNIS PAR LES MUNICIPALITÉS.

Les rubriques correspondant aux différentes causes de décès récapitulées sont les suivantes :

1	Maladies épidémiques	Fièvre typhoïde.	8	Diarrhée.
2		Variole.	9	Phtisie.
3		Rougeole.	10	Autres tuberculoses.
4		Scarlatine.	11	Bronchite (aiguë et chronique).
5		Coqueluche.	12	Pneumonie.
6		Diphtérie.	13	Autres causes.
7		Total	14	Causes inconnues.

15 Mortalité générale........ Nombre absolu.
16 Mortalité générale........ Proportion pour 1.000 habitants.

Les villes ou communes sont classées par département suivant l'ordre alphabétique de ces derniers et pour chaque département dans l'ordre décroissant d'importance.

Un second numéro placé en regard du premier indique pour chaque ville ou commune le rang qu'elle occupe dans le classement général des villes ou communes de 5.000 habitants et au-dessus par ordre décroissant d'importance.

Numéros d'ordre par département.	Numéros d'ordre de la nomenclature.	Noms des villes.	Population.	Maladies épidémiques. Fièvre typhoïde.	Variole.	Rougeole.	Scarlatine.	Coqueluche.	Diphtérie.	Choléra asiatique.	Totaux.	Diarrhée.	Phtisie.	Autres tuberculoses.	Bronchite aiguë et chronique.	Pneumonie.	Autres causes.	Causes inconnues.	Mortalité générale. Nombre absolu.	Proportion p. 1.000 h.
		AIN.																		
1	110	Bourg	17.871	4	-	11	-	3	6	-	24	43	73	6	30	100	395	6	677	37,8
2	428	*Belley*	6.160	-	-	1	1	-	14	-	16	1	1	-	4	3	66	26	117	18,9
		AISNE.																		
1	32	Saint-Quentin	47.002	29	-	10	1	36	23	-	99	109	96	61	93	107	589	5	1.159	24,6
2	166	*Laon*	13.698	»	»	»	»	»	»	-	»	»	»	»	»	»	»	458	458	33,4
3	192	Soissons	11.789	3	-	1	2	1	18	-	25	23	25	9	15	46	169	2	314	26,6
4	257	Chauny	9.052	9	2	-	-	-	-	-	11	25	7	1	46	15	112	1	218	24,0
5	308	Guise	7.677	1	-	-	1	2	4	-	8	28	6	5	29	19	109	-	204	26,5
6	331	Château-Thierry	7.206	2	-	3	-	1	6	-	12	13	15	3	13	23	139	-	218	30,2
7	378	*Bohain*	6.705	1	-	27	-	-	2	-	30	-	5	-	8	1	19	99	162	24,1
8	466	Hirson	5.743	3	-	-	-	-	-	-	3	1	7	-	6	1	89	-	107	18,6
		ALLIER.																		
1	62	Montluçon	26.960	11	-	6	1	12	6	-	36	39	37	8	47	64	283	20	534	19,8
2	88	*Moulins*	21.721	»	»	»	»	»	»	-	»	»	»	»	»	»	»	493	493	22,7
3	183	Commentry	12.338	1	11	-	-	-	4	-	16	6	12	10	14	37	116	-	211	17,0
4	222	Vichy	10.344	10	4	-	-	1	-	-	15	15	20	5	15	21	156	2	249	24,0
5	372	Cusset	6.762	2	3	-	-	1	-	-	6	9	11	-	23	24	95	-	168	24,7
6	477	*Gannat*	5.606	»	»	»	»	»	»	-	»	»	»	»	»	»	»	137	137	24.4
7	551	*St.Pourçin-s-Sioule.*	5.106	»	»	»	»	»	»	-	»	»	»	»	»	»	»	80	80	15,6
		ALPES (BASSES-).																		
1	347	Digne	7.083	-	35	-	-	-	2	-	37	-	6	1	25	21	136	1	227	32,0
2	505	Manosque	5.450	1	-	4	-	-	3	-	8	37	7	5	13	16	60	-	146	26,7
		ALPES (HAUTES-).																		
1	108	Gap	11.542	14	-	39	4	17	25	-	99	15	35	14	52	14	145	11	385	33,3
2	463	Briançon	5.777	6	-	24	1	1	14	-	46	11	13	2	14	9	76	-	171	29,5
		ALPES-MARITIMES.																		
1	15	Nice	73.889	35	6	11	4	3	30	-	89	113	194	16	294	218	1.023	3	1.950	26,3
2	104	Cannes	19.209	6	7	-	5	-	10	-	28	63	46	53	36	82	331	-	639	33,2
3	199	Grasse	11.527	5	-	3	1	3	6	-	18	14	25	9	21	69	193	1	350	30,2
4	247	Menton	9.387	1	18	1	-	1	25	-	46	12	57	3	16	32	116	1	283	30,1
5	402	Antibes	6.461	3	-	1	-	-	4	-	8	10	4	1	11	7	125	-	166	25,6

NUMÉROS D'ORDRE par département.	NUMÉROS D'ORDRE de la nomenclature.	NOMS des VILLES.	POPULATION.	MALADIES ÉPIDÉMIQUES. FIÈVRE TYPHOÏDE.	VARIOLE.	ROUGEOLE.	SCARLATINE.	COQUELUCHE.	DIPHTÉRIE.	CHOLÉRA ASIATIQUE	TOTAUX.	DIARRHÉE.	PHTISIE.	AUTRES TUBERCULOSES.	BRONCHITE AIGUE ET CHRONIQUE.	PNEUMONIE.	AUTRES CAUSES.	CAUSES INCONNUES.	MORTALITÉ GÉNÉRALE. NOMBRE ABSOLU.	PROPORTION P. 1.000 H.
		ARDÈCHE.																		
1	123	Annonay	16.857	5	3	-	-	3	10	-	21	31	7	38	66	36	238	1	438	26,0
2	287	Aubenas	8.112	4	-	-	-	8	-	-	12	6	26	7	19	4	147	16	237	29,2
3	315	Privas	7.600	8	1	4	1	1	2	-	17	45	29	4	15	34	168	1	313	41 1
4	525	Tournon	5.286	2	2	4	1	3	3	-	15	11	17	1	11	4	75	7	141	26,6
		ARDENNES.																		
1	106	Sedan	19.015	6	-	-	1	5	34	-	46	39	52	23	33	61	224	1	479	25,0
2	126	Charleville	16.690	3	-	-	-	1	29	-	33	29	41	23	29	33	130	4	322	19,2
3	301	Givet	7.820	2	-	-	1	-	1	-	4	5	4	12	6	6	47	1	85	10,8
4	322	Rethel	7.432	1	-	1	1	5	11	-	19	23	16	7	8	16	79	15	183	24,6
5	356	Nouzon	6.992	3	-	-	-	-	13	-	16	10	13	5	8	15	79	1	147	21,0
6	381	Mézières	6 674	1	-	-	-	-	1	-	2	6	11	1	14	9	63	-	106	15.8
7	537	Fumay	5.176	-	-	-	1	3	4	-	8	1	20	-	7	4	50	1	91	17,5
		ARIÈGE.																		
1	221	Pamiers	10.350	6	1	-	2	1	1	-	11	17	38	2	31	42	139	1	281	27,1
2	327	*Foix*	7.369	x	»	»	»	»	»	-	»	»	»	»	»	»	»	149	149	20,2
3	501	Saint-Girons	5.459	-	1	6	-	3	3	-	13	4	10	1	2	14	92	-	136	24,9
		AUBE.																		
1	35	Troyes	46.272	33	-	10	-	10	32	-	85	253	128	4	108	165	795	-	1.538	33,2
2	358	Romilly-sur-Seine	6.938	9	-	7	1	-	5	-	22	36	22	1	18	11	75	-	185	28,9
		AUDE.																		
1	58	Narbonne	28.378	33	2	28	1	-	16	-	80	37	69	5	36	117	355	44	743	26,1
2	66	Carcassonne	26.383	22	3	7	-	3	18	-	53	43	63	3	42	66	391	2	663	25,1
3	363	Castelnaudary	8.906	4	11	1	-	7	7	-	30	2	6	-	-	-	206	-	244	27,3
4	369	Limoux	6.810	10	-	-	-	-	2	-	12	13	10	-	8	18	144	-	205	30,1
5	390	Lézignan	6,569	7	14	-	-	-	3	-	24	10	9	5	17	17	67	2	151	22,9
		AVEYRON.																		
1	133	Millau	15.851	42	10	26	-	1	3	-	82	44	15	1	57	54	228	1	482	30,4
2	188	Rodez	11.929	15	-	22	-	2	-	-	39	25	5	18	33	65	252	-	437	36.6
3	234	Villefranche	9.836	6	-	2	-	2	1	-	11	-	28	7	12	1	213	5	277	28,1
4	245	*Decazeville*	9.457	-	12	5	-	1	2	-	20	-	3	-	-	2	173	35	233	24,6
5	256	*Aubin*	9.054	2	7	-	-	20	4	-	33	4	5	2	3	-	171	82	300	33,1
6	342	Saint-Affrique	7.177	15	2	2	2	2	2	-	25	11	11	-	12	11	105	21	196	27,3

Numéros d'ordre par département.	Numéros d'ordre de la nomenclature.	Noms des villes.	Population.	Maladies épidémiques.								Diarrhée.	Phtisie.	Autres tuberculoses.	Bronchite aiguë et chronique.	Pneumonie.	Autres causes.	Causes inconnues.	Mortalité générale.	
				Fièvre typhoïde.	Variole.	Rougeole.	Scarlatine.	Coqueluche.	Diphtérie.	Choléra asiatique.	Totaux.								Nombre absolu.	Proportion p. 1.000 h.
		BOUCHES-DU-RHONE.																		
1	3	Marseille	376.143	313	549	295	10	43	675	-	1.885	1.008	1.014	196	855	2.003	5.044	905	12.970	34,4
2	57	Aix	29.057	10	45	4	1	21	24	-	105	77	58	31	74	47	421	19	832	28,5
3	77	Arles	23.491	17	6	2	1	3	12	-	41	44	24	47	80	105	234	23	508	25,4
4	210	La Ciotat	10.089	9	65	10	-	3	3	-	90	21	24	7	37	24	129	9	341	31,9
5	251	Tarascon	9.134	10	1	7	4	2	1	-	25	15	15	10	17	18	117	4	221	23,7
6	267	*Salon*	8.598	1	-	15	-	5	3	-	24	12	6	2	9	6	59	121	239	27,8
7	282	Aubagne	8.230	2	4	27	-	-	1	-	34	29	5	6	24	23	92	22	235	28,5
8	397	*Martigues*	6.494	1	1	-	-	-	4	-	6	1	1	-	2	1	61	72	144	22,1
9	445	Château-Renard	5.934	1	20	4	3	7	4	-	39	6	12	2	6	-	92	8	165	27,8
10	459	Saint-Remy	5.813	3	-	-	-	-	-	-	3	1	5	1	-	11	102	1	124	21,3
		CALVADOS.																		
1	37	*Caen*	44.178	21	-	7	-	2	4	-	34	36	125	8	33	73	414	658	1.381	31.2
2	131	Lisieux	16.054	8	-	1	-	1	23	-	33	49	49	14	27	36	284	7	499	31,0
3	238	Honfleur	9.726	4	-	1	-	4	3	-	12	40	21	3	11	25	144	11	267	27,3
4	270	Falaise	8.518	2	-	3	-	-	3	-	8	5	15	13	24	34	97	-	196	23,0
5	278	*Bayeux*	8.347	5	-	-	-	-	-	-	5	10	6	2	4	3	65	108	203	24,3
6	337	Condé-sur-Noireau	7.252	1	-	1	-	-	3	-	5	3	23	1	7	1	110	13	163	22,4
7	374	*Vire*	6.736	»	»	»	»	»	»	-	»	»	»	»	»	»	»	180	180	26,7
8	412	Trouville-sur-mer	6.308	2	-	-	-	-	1	-	3	3	17	-	8	20	97	-	148	23,4
		CANTAL.																		
1	149	Aurillac	14.613	8	1	-	-	-	19	-	28	32	32	3	24	67	246	-	432	29,4
2	495	Saint-Flour	5.477	1	-	4	-	-	4	-	9	6	5	-	14	23	81	-	138	24,7
		CHARENTE.																		
1	47	Angoulême	34.367	14	1	62	-	-	13	-	90	22	131	19	50	63	422	39	836	24,3
2	141	Cognac	15.200	-	-	1	-	1	1	-	3	28	28	1	35	29	176	3	303	19,9
		CHARENTE-INFÉRIEURE.																		
1	49	Rochefort	31.169	25	-	57	10	-	8	-	100	46	30	12	78	57	449	3	775	24,8
2	74	*La Rochelle*	24.108	12	-	6	-	-	16	-	34	73	15	22	21	46	276	115	602	25,0
3	118	Saintes	17.327	20	-	8	3	-	4	-	35	42	24	10	24	17	253	-	405	23,2
4	336	*St.-Jean-d'Angély*	7.255	-	-	-	-	1	1	-	2	10	11	1	10	13	81	28	156	21,4
5	379	Royan	6.702	1	-	4	1	2	-	-	8	13	18	3	36	2	64	16	160	23,8
6	558	Saint-Georges	5.060	2	-	4	-	10	-	-	16	1	5	1	-	2	48	-	73	14,4
		CHER.																		
1	39	Bourges	42.829	5	-	3	1	2	21	-	32	35	82	23	80	63	439	113	867	20,2
2	216	Vierzon-ville	10.514	-	-	3	1	1	7	-	12	6	20	-	31	8	117	5	199	18,9
3	272	*Saint-Amand*	8.476	7	-	-	-	-	1	-	8	-	9	-	10	4	36	113	180	21,2
4	355	Vierzon-village	6.995	1	-	-	-	-	3	-	4	9	15	-	12	6	106	5	157	22,4
5	389	Mehun-sur-Yèvre	6.591	4	-	-	-	1	3	-	8	7	7	2	6	22	81	5	138	20,9

Numéros d'ordre par département.	Numéros d'ordre de la nomenclature.	Noms des villes.	Population.	Maladies épidémiques. Fièvre typhoïde.	Variole.	Rougeole.	Scarlatine.	Coqueluche.	Diphtérie.	Choléra asiatique.	Totaux.	Diarrhée.	Phtisie.	Autres tuberculoses.	Bronchite aiguë et chronique.	Pneumonie.	Autres causes.	Causes inconnues.	Mortalité générale. Nombre absolu.	Proportion p. 1.000 h.
		CORRÈZE.																		
1	130	*Tulle*............	16.277	28	-	13	3	-	1	-	45	40	44	13	14	48	161	80	445	27,3
2	168	Brive............	13.445	27	13	34	7	26	10	-	117	35	19	5	86	7	131	20	420	31,2
3	530	Ussel............	5.252	1	-	1	-	1	8	-	11	4	6	5	17	23	31	1	98	18,6
		CORSE.																		
1	99	Bastia...........	20.328	23	-	-	12	16	10	-	61	103	20	25	90	93	291	10	693	33,9
2	114	Ajaccio..........	17.503	29	-	42	2	-	16	-	89	93	39	4	66	29	173	1	494	28,2
3	476	Sartène..........	5.608	-	-	-	-	2	2	-	4	24	8	-	16	19	60	-	131	23,3
4	563	Corte............	5.002	10	-	1	-	22	2	-	35	26	15	-	16	26	35	-	153	30,5
		COTE-D'OR.																		
1	22	Dijon...........	61.941	16	-	3	6	7	7	-	39	145	177	35	89	158	815	13	1.471	23,7
2	180	Beaune..........	11.888	9	-	-	2	-	1	-	12	12	29	3	29	15	173	24	297	24,9
3	343	Auxonne.........	7.164	27	-	2	-	-	1	-	30	1	4	7	7	8	59	4	120	16,7
4	523	Châtillon-sur-Seine	5.317	2	-	-	1	1	2	-	6	3	4	-	11	16	80	2	122	22,9
		COTES-DU-NORD.																		
1	103	Saint-Brieuc.....	19.240	14	-	27	-	-	7	-	48	42	45	6	41	58	357	10	607	31,4
2	228	*Dinan*...........	10.105	20	-	-	-	-	1	-	21	11	12	2	25	3	107	97	278	27,4
3	265	Guingamp.......	8.744	1	-	21	-	-	-	-	22	1	18	-	27	11	124	-	203	23,2
4	420	Lannion.........	6.205	-	-	-	-	-	-	-	-	-	17	-	1	11	153	-	182	29,3
5	448	*Loudéac*.........	5.899	»	»	»	»	»	»	-	»	»	»	»	»	»	»	127	127	21,4
6	498	Plérin...........	5.466	7	-	5	8	10	3	-	33	-	7	1	19	2	68	11	141	25,7
		CREUSE.																		
1	349	Guéret..........	7.065	3	-	-	-	-	-	-	3	1	17	1	9	12	83	5	131	18,5
2	376	Aubusson........	6.723	1	5	-	-	-	-	-	6	3	13	5	8	12	97	3	147	21,8
		DORDOGNE.																		
1	56	Périgueux,.......	29.095	6	-	50	1	-	20	-	77	55	32	39	70	77	448	-	798	27,4
2	153	Bergerac.........	14.353	15	-	23	1	5	29	-	73	16	30	15	21	40	183	11	389	27,0
3	438	Sarlat...........	6.069	3	-	1	-	3	-	-	7	5	6	-	7	16	129	2	172	28,3
		DOUBS.																		
1	29	Besançon........	56.303	7	2	66	11	7	48	-	141	102	156	51	98	158	751	1	1.458	25,8
2	242	Montbéliard......	9.531	5	-	-	-	5	10	-	20	20	34	9	12	31	108	-	254	24,5
3	290	Pontarlier........	8.095	1	-	3	1	-	1	-	6	10	7	11	7	20	154	-	215	26,5

Numéros d'ordre par département.	Numéros d'ordre de la nomenclature.	Noms des villes.	Population.	Maladies épidémiques. Fièvre typhoïde.	Variole.	Rougeole.	Scarlatine.	Coqueluche.	Diphtérie.	Choléra asiatique.	Totaux.	Diarrhée.	Phtisie.	Autres tuberculoses.	Bronchite aiguë et chronique.	Pneumonie.	Autres causes.	Causes inconnues.	Mortalité générale. Nombre absolu.	Proportion p. 1.000 h.
		DROME.																		
1	71	Valence	24.661	9	11	14	1	5	5	-	45	42	98	8	79	89	336	3	700	28,3
2	160	Montélimar	14.014	10	1	8	-	2	5	-	26	11	6	4	35	30	206	7	325	23,2
3	164	Romans	13.834	14	1	6	-	-	7	-	28	30	18	21	18	23	360	1	499	35,9
4	474	*Crest*	5.669	3	-	-	-	-	-	-	3	7	-	1	4	3	101	44	162	28,7
		EURE.																		
1	121	Évreux	17.046	7	-	-	3	1	8	-	19	30	32	4	37	36	288	5	451	26,3
2	214	*Louviers*	10.582	-	-	-	-	-	-	-	-	16	9	1	2	20	91	143	282	26,6
3	280	*Bernay*	8.310	»	»	»	»	»	»	-	»	»	»	»	2	4	2	249	257	30,9
4	285	Vernon	8.164	2	-	-	1	-	-	-	3	14	10	6	14	18	114	1	180	22,0
5	427	Pont-Audemer	6.163	3	-	-	-	1	2	-	6	12	23	-	12	13	103	1	170	27,5
6	510	Les Andelys	5.423	9	-	-	-	-	2	-	11	20	7	4	5	16	88	2	153	28,1
		EURE-ET-LOIR.																		
1	85	Chartres	21.003	6	-	25	-	-	15	-	46	44	56	25	31	70	353	10	635	29,0
2	266	Dreux	8.179	9	-	5	1	1	-	-	16	37	35	5	8	30	135	-	266	30,5
3	277	Nogent-le-Rotrou	8.372	1	-	-	2	-	2	-	5	35	12	6	16	19	106	-	199	23,7
4	332	Châteaudun	7.284	-	-	3	-	1	8	-	12	7	3	8	8	8	154	-	200	27,4
		FINISTÈRE.																		
1	17	Brest	70.778	43	1	128	1	7	30	-	210	246	178	20	403	308	957	4	2.326	32,8
2	125	*Quimper*	16.748	-	-	29	-	-	-	-	29	»	»	»	»	»	»	573	602	35,9
3	134	Lambézellec	15.664	13	1	54	-	5	19	-	92	35	18	18	44	23	323	5	558	35,0
4	146	*Morlaix*	14.671	5	-	5	-	-	8	-	18	4	51	5	18	9	202	389	696	47,4
5	204	Douarnenez	10.923	23	1	7	-	14	45	-	155	2	23	-	19	5	110	2	316	28,9
6	260	Landerneau	8.927	1	-	4	-	6	1	-	12	7	23	-	70	32	155	1	300	33,6
7	268	Crozon	8.585	6	-	3	-	1	2	-	12	13	17	-	17	11	96	23	189	22,0
8	309bis	*St-Pierre-Quilbignon*	7.665	1	-	46	-	13	7	-	67	-	1	1	27	8	77	96	277	36,1
9	319	Saint-Pol-de-Léon	7.488	6	-	-	-	6	-	-	12	4	18	-	13	14	119	-	180	24,0
10	338	Guipavas	7.247	4	-	27	2	9	7	-	40	10	17	1	6	12	127	8	230	31,7
11	344	Quimperlé	7.156	5	-	30	-	-	2	-	37	-	6	-	40	11	131	-	225	31,4
12	354	*Plougastel-Daoulas*	7.009	1	-	-	-	-	-	-	1	»	»	»	»	»	9	174	184	26,2
13	426	*Briec*	6.175	5	-	14	1	9	10	-	39	2	10	1	13	9	33	33	140	22,6
14	455	*Plouguerneau*	5.832	1	-	6	-	1	-	-	8	-	19	-	8	8	86	25	154	26,4
15	468	*Pont-l'Abbé*	5.729	2	-	-	-	-	1	-	3	-	7	-	-	-	33	124	167	29,0
16	473	Concarneau	5.684	7	-	31	-	7	11	-	56	5	11	2	6	29	92	10	211	37,1
17	512	*Moëlan*	5.410	7	2	-	-	3	1	-	13	1	1	-	5	3	42	32	97	17,9
18	513	*Scaër*	5.403	»	»	»	»	»	»	-	»	»	»	»	»	»	»	98	98	18,1
19	522	*Pleyben*	5.324	»	»	»	»	»	»	-	»	»	»	»	»	»	»	134	134	25,1
20	529	*Bannalec*	5.259	2	1	8	1	11	8	-	31	-	14	1	5	4	24	49	128	24,3

NUMÉROS D'ORDRE par département.	NUMÉROS D'ORDRE de la nomenclature.	NOMS des VILLES.	POPULATION.	MALADIES ÉPIDÉMIQUES. FIÈVRE TYPHOÏDE.	VARIOLE.	ROUGEOLE.	SCARLATINE.	COQUELUCHE.	DIPHTÉRIE.	CHOLÉRA ASIATIQUE.	TOTAUX.	DIARRHÉE.	PHTISIE.	AUTRES TUBERCULOSES.	BRONCHITE AIGUË ET CHRONIQUE.	PNEUMONIE.	AUTRES CAUSES.	CAUSES INCONNUES.	MORTALITÉ GÉNÉRALE. NOMBRE ABSOLU.	PROPORTION p. 1.000 H.
		GARD.																		
1	18	Nîmes	69.898	65	1	94	1	7	45	-	213	156	152	48	143	225	1.004	13	1.954	27,9
2	80	Alais	22.514	12	2	33	3	2	43	-	95	81	78	26	25	97	280	71	753	33,4
3	200	*Grand-Combe (La)*	11.341	-	-	10	-	-	1	-	11	»	»	»	»	»	»	456	467	40,9
4	211	*Bessèges*	10.653	1	3	5	-	-	2	-	11	15	6	20	9	48	120	47	276	25,8
5	235	Beaucaire	9.824	4	-	-	-	2	-	-	6	38	27	4	24	19	97	17	232	23,6
6	492	*Saint-Gilles*	5.503	»	»	»	»	»	»	-	»	»	»	»	»	»	»	119	119	21,5
7	520	*Le Vigan*	5.353	-	-	23	-	7	-	-	30	-	1	-	2	3	27	131	194	33,1
8	545	Uzès	5.146	3	-	1	-	2	7	-	13	10	11	2	10	8	58	8	120	23,3
		GARONNE (HAUTE-).																		
1	6	Toulouse	144.712	108	4	82	4	10	40	-	248	331	349	33	293	450	2.379	36	4.119	28,5
2	398	Saint-Gaudens	6.602	1	-	-	»	1	1	-	3	-	7	4	12	13	77	5	121	18,3
3	489	Revel	5.529	-	-	17	-	1	-	-	18	6	8	1	-	21	108	-	162	29,2
		GERS.																		
1	140	Auch	15.209	9	-	2	1	-	-	-	12	33	24	15	48	55	251	-	438	28,8
2	207	Condom	7.902	4	-	-	-	-	3	-	7	9	11	21	18	10	97	-	173	21,8
3	528	*Lectoure*	5.272	-	-	-	-	-	8	-	8	-	1	-	6	-	10	107	132	25,0
		GIRONDE.																		
1	4	Bordeaux	237.073	119	1	63	9	30	119	-	341	337	780	217	385	553	2.882	125	5.620	23,7
2	128	*Libourne*	16.414	2	-	-	-	-	1	-	3	4	10	7	7	15	238	46	330	20,1
3	261	Bègles	8.919	3	-	23	-	-	1	-	27	25	17	-	5	3	121	23	221	24,7
4	289	*Arcachon*	8.102	»	»	»	»	»	»	-	»	»	»	»	»	»	»	131	131	16,1
5	296	Caudéran	7.963	1	-	1	1	-	2	-	5	24	15	5	3	39	92	-	183	23,0
6	383	*Talence*	6.642	1	-	1	1	-	1	-	4	5	15	5	2	7	29	68	135	20,3
7	401	Bouscat	6.463	1	-	-	2	1	2	-	6	16	7	10	10	14	86	3	152	23,5
8	432	La Teste	6.200	-	1	-	1	5	2	-	9	2	10	4	2	5	55	7	94	15,1
9	461	Mérignac	5.735	2	-	-	-	1	2	-	5	12	6	5	4	8	50	9	99	17,2
10	555	Coutras	5.092	-	-	2	1	-	7	-	10	8	10	2	3	-	47	2	82	16,1
11	561	Bazas	5.034	1	-	1	-	1	1	-	4	3	9	2	7	10	50	1	86	17,0
		HÉRAULT.																		
1	28	Montpellier	56.724	33	24	119	-	2	40	-	218	113	188	46	80	310	1.105	2	2.062	36,3
2	38	Béziers	42.844	42	20	92	-	22	30	-	206	92	142	15	146	40	623	2	1.266	29,5
3	44	Cette	36.902	27	-	18	-	-	41	-	86	9	120	-	69	22	523	125	954	25,8
4	241	Lodève	9.532	4	-	24	-	1	2	-	31	14	6	2	6	33	161	-	253	26,5
5	274	Agde	8.446	7	2	18	-	-	7	-	34	29	4	16	24	26	132	1	266	31,4
6	330	Bédarieux	7.320	3	2	1	-	-	3	-	9	4	21	7	11	22	96	1	171	23,3
7	359	Pézenas	6.927	10	1	1	-	1	-	-	13	9	7	7	15	42	95	5	193	27,8
8	385	Lunel	6.607	6	5	32	-	2	19	1	65	12	18	1	21	19	85	-	221	33,4
9	460	Mèze	5.807	1	-	41	-	-	2	-	44	17	12	1	1	14	74	13	176	30,2
10	535	Clermont-l'Hérault	5.191	4	-	4	-	2	2	-	12	6	6	4	30	14	53	13	138	26,5

Numéros d'ordre par département.	Numéros d'ordre de la nomenclature.	Noms des villes.	Population.	Maladies épidémiques.								Diarrhée.	Phtisie.	Autres tuberculoses.	Bronchite aiguë et chronique.	Pneumonie.	Autres causes.	Causes inconnues.	Mortalité générale.	
				Fièvre typhoïde.	Variole.	Rougeole.	Scarlatine.	Coqueluche.	Diphtérie.	Choléra asiatique.	Totaux.								Nombre absolu.	Proportion p. 1.000 h.
		ILLE-ET-VILAINE.																		
1	21	Rennes	66.139	29	–	77	–	10	19	–	135	222	179	20	300	222	990	7	2.075	31,3
2	137	Fougères	15.578	11	–	18	1	15	8	–	53	33	73	6	48	25	266	2	506	32,4
3	181	Saint-Servan	12.374	7	–	2	–	–	7	–	16	24	39	5	16	41	153	10	304	24,5
4	213	Saint-Malo	10.614	5	–	–	–	3	8	–	16	20	29	13	14	31	145	–	268	25,1
5	219	*Vitré*	10.447	»	»	»	»	»	»	–	»	»	»	»	»	»	»	255	255	24,3
6	371	Cancale	6.721	–	–	8	1	–	1	–	10	2	10	–	13	21	81	–	146	21,7
7	403	Redon	6.248	–	–	–	–	–	–	–	–	2	6	1	6	2	83	6	109	16,9
8	447	Combourg	5.905	3	–	4	–	–	3	–	10	6	5	1	21	15	68	5	131	22,1
		INDRE.																		
1	83	Châteauroux	22.038	7	–	24	4	–	4	–	39	31	27		38	82	257	3	482	21,9
2	144	Issoudun	14.820	1	–	–	1	1	2	–	5	8	22	2	7	25	208	4	270	18,7
3	345	Le Blanc	7.140	–	–	–	–	–	1	–	1	–	18	–	10	31	83	–	146	20,4
4	407	*Argenton*	6.388	»	»	»	»	»	»	–	»	»	»	»	»	»	»	126	126	19,7
5	532	La Châtre	5.215	–	–	–	1	–	–	–	1	2	11	1	6	4	89	1	115	22,0
6	544	Buzançais	5.140	2	–	–	–	–	–	–	2	2	4	4	1	19	68	1	101	19,6
		INDRE-ET-LOIRE.																		
1	24	Tours	59.211	26	–	34	–	11	36	–	107	138	52	107	160	108	818	4	1.584	26,7
2	419	Chinon	6.205	1	–	–	–	–	2	–	3	1	6	11	5	9	82	–	117	18.8
3	546	*Loches*	5.141	–	–	–	–	–	–	–	–	3	4	–	–	–	88	6	101	19,6
		ISÈRE.																		
1	30	Grenoble	51.017	30	–	86	6	7	66	–	195	109	178	33	75	148	639	135	1.512	29,6
2	69	Vienne	25.405	16	–	29	1	3	9	–	58	64	50	35	53	120	326	1	707	27,8
3	187	Voiron	11.954	–	–	3	–	1	13	–	17	25	20	4	12	33	176	3	290	24,0
4	408	Bourgoin	6.345	3	–	13	2	1	2	–	21	4	9	–	22	24	60	1	141	22,2
		JURA.																		
1	169	Dôle	13.420	5	–	3	–	–	2	–	10	29	12	23	45	33	203	–	355	26,3
2	179	Lons-le-Saunier	12.431	1	–	8	1	–	4	–	14	10	10	1	29	31	193	12	300	24,0
3	258	Saint-Claude	8.932	1	–	5	1	2	2	–	11	26	39	21	33	10	107	–	247	27,6
4	454	Salins	5.833	3	–	2	–	1	2	–	8	8	9	1	17	1	96	–	140	24,0
5	507	*Morez*	5.443	»	»	»	»	»	»	–	»	»	»	»	»	»	»	130	130	23,8
		LANDES.																		
1	223	Dax	10.327	1	–	–	–	–	3	–	4	15	18	3	14	7	169	–	230	22,2
2	240	Mont-de-Marsan	9.680	8	5	9	7	7	18	–	54	5	14	–	11	18	99	22	223	23,0
		LOIR-ET-CHER.																		
1	87	Blois	21.761	8	–	1	1	2	5	–	17	47	21	31	30	36	383	–	565	26,0
2	249	Vendôme	0.325	17	1	3	1	3	3	–	28	18	17	5	11	34	120	–	242	25,9
3	317	Romorantin	7.545	3	–	2	1	–	2	–	8	14	10	–	11	20	109	4	176	23,3

NUMÉROS D'ORDRE par département.	NUMÉROS D'ORDRE de la nomenclature.	NOMS des VILLES.	POPULATION.	MALADIES ÉPIDÉMIQUES. FIÈVRE TYPHOÏDE.	VARIOLE.	ROUGEOLE.	SCARLATINE.	COQUELUCHE.	DIPHTÉRIE.	CHOLÉRA ASIATIQUE.	TOTAUX.	DIARRHÉE.	PHTISIE.	AUTRES TUBERCULOSES.	BRONCHITE AIGUË ET CHRONIQUE.	PNEUMONIE.	AUTRES CAUSES.	CAUSES INCONNUES.	MORTALITÉ GÉNÉRALE. NOMBRE ABSOLU.	PROPORTION p. 1.000 h.
		LOIRE.																		
1	8	Saint-Étienne	117.875	40	190	11	2	24	58	-	325	243	373	40	311	427	1.533	110	3.362	28,5
2	55	*Roanne*	29.226	1	2	2	2	3	10	-	20	24	-	-	-	-	18	657	719	24,6
3	154	Saint-Chamond	14.341	1	3	1	-	4	4	-	13	39	38	4	50	51	139	4	338	23,6
4	158	Rive-de-Gier	14.129	2	-	-	-	2	11	-	15	22	28	14	41	32	189	1	342	24,3
5	161	*Firminy*	13.992	5	9	-	-	13	6	-	33	6	19	2	6	7	170	65	308	22,0
6	269	*Chambon-Feugerolles*	8.532	-	1	-	-	8	-	-	9	1	-	-	-	2	20	145	177	20,7
7	328	Montbrison	7.369	2	-	1	-	2	2	-	7	2	17	10	25	15	88	-	164	22,2
8	368	*St-Julien-en-Jarrel.*	6.811	»	»	»	»	»	»	-	»	»	»	»	»	»	»	122	122	17,9
9	393	*Terrenoire*	6.489	»	»	»	»	»	»	-	»	»	»	»	»	»	»	117	117	18,0
10	410	La Ricamarie	6.330	-	5	4	-	10	-	-	19	2	9	1	27	5	83	1	147	23,2
11	424	Izieux	6.181	-	-	5	3	30	7	-	45	14	12	-	34	8	21	-	134	21,6
12	482	*Chazelles-sur-Lyon.*	5.567	»	»	»	»	»	»	-	»	»	»	»	»	»	»	111	111	19,9
13	521	Charlieu	5.351	-	-	2	-	-	13	-	15	11	12	1	13	9	66	-	127	23,7
14	559	Panissières	5.044	5	-	4	1	17	-	-	27	5	6	1	29	4	48	-	120	23,8
		LOIRE (HAUTE-).																		
1	107	Le Puy	18.870	3	56	6	1	13	16	-	95	16	39	-	35	81	375	23	666	35,2
2	292	Yssingeaux	8.037	1	3	-	-	-	3	-	7	11	13	2	16	17	78	16	160	19,9
3	552	*Brioude*	5.102	2	-	1	-	2	1	-	6	1	3	-	7	-	20	106	143	28,0
		LOIRE-INFÉRIEURE.																		
1	7	Nantes	126.036	90	1	70	2	15	50	-	228	364	295	84	177	363	1.677	1	3.189	25,3
2	73	Saint-Nazaire	24.330	12	-	65	1	3	46	-	127	111	60	45	62	110	326	-	841	34,6
3	176	Chantenay	12.641	11	-	2	-	-	5	-	18	45	55	8	11	43	183	1	364	28,7
4	324	Rézé	7.418	2	-	3	-	-	2	-	7	23	15	7	17	19	111	4	203	27,3
5	339	Montoir	7.225	-	-	13	-	1	4	-	18	32	24	3	5	30	58	1	171	23,6
6	350	Guérande	7.062	3	1	6	3	6	1	-	20	-	16	-	12	3	73	6	130	18,4
7	371	Guéméné	6.766	2	-	2	-	12	-	-	16	1	9	2	7	5	64	-	104	15,3
8	375	*Blain*	6.728	1	-	-	-	1	-	-	2	-	22	2	24	2	37	32	121	17,9
9	425	Châteaubriant	6.177	2	-	-	-	-	1	-	3	18	29	-	11	17	84	-	162	26,2
10	483	Ancenis	5.544	3	-	-	-	-	4	-	7	3	6	6	6	10	48	-	86	15,5
11	497	Nort	5.467	1	-	-	-	1	-	-	2	3	9	3	4	8	48	-	77	14,0
12	503	Verton	5.455	1	-	1	1	-	1	-	4	8	11	-	1	10	58	-	92	16,8
13	518	Plessé	5.366	1	-	-	-	1	1	-	3	-	7	-	4	3	67	1	85	15,8
		LOIRET.																		
1	23	Orléans	60.448	21	3	33	12	9	29	-	107	126	145	38	69	176	902	13	1.576	26,0
2	203	Montargis	11.003	1	-	-	-	-	7	-	8	13	12	6	28	26	140	5	238	21,6
3	284	*Gien*	8.181	»	»	»	»	»	»	-	»	»	»	»	»	»	»	204	204	24,9
4	449	Briare	5.894	-	-	-	-	-	1	-	1	12	16	2	2	8	81	1	123	20,8
5	491	Pithiviers	5.509	-	-	-	-	6	-	-	6	14	5	3	11	11	90	-	140	25,4

NUMÉROS D'ORDRE par département.	NUMÉROS D'ORDRE de la nomenclature.	NOMS des VILLES.	POPULATION.	MALADIES ÉPIDÉMIQUES. FIÈVRE TYPHOÏDE.	VARIOLE.	ROUGEOLE.	SCARLATINE.	COQUELUCHE.	DIPHTÉRIE.	CHOLÉRA ASIATIQUE.	TOTAUX.	DIARRHÉE.	PHTISIE.	AUTRES TUBERCULOSES.	BRONCHITE AIGUË ET CHRONIQUE.	PNEUMONIE.	AUTRES CAUSES.	CAUSES INCONNUES.	MORTALITÉ GÉNÉRALE. NOMBRE ABSOLU.	PROPORTION P. 1.000 H.
		LOT.																		
1	136	Cahors	15.622	2	-	6	8	..	5	-	21	21	16	15	18	41	207	-	339	21,6
2	325	Figeac	7.396	-	-	-	1	10	1	-	12	-	4	..	11	2	141	3	173	23,6
3	532	Gourdon	5.029	-	1	1	-	-	3	-	5	6	16	2	-	4	91	-	124	24,6
		LOT-ET-GARONNE.																		
1	82	Agen	22.121	8	-	1	3	-	9	-	21	59	49	2	35	21	374	30	591	26,7
2	145	Villeneuve-sur-Lot	14.693	10	-	21	-	6	5	-	42	1	26	3	13	21	253	16	375	25,5
3	231	Marmande	9.891	3	-	2	-	1	5	-	11	16	11	11	4	18	131	15	217	21,9
4	300	Nérac	7.826	2	-	-	-	1	2	-	5	2	14	3	3	4	130	2	163	20,8
5	310	*Tonneins*	7.643	»	»	»	»	»	»	-	»	»	»	»	»	»	»	185	185	24,2
		LOZÈRE.																		
1	293	*Mende*	8.033	»	»	»	»	»	»	-	»	»	2	»	»	2	5	175	184	22,9
2	549	*Marvejols*	5.113	-	-	10	-	-	2	-	12	3	3	..	11	2	67	31	129	25,1
		MAINE-ET-LOIRE.																		
1	16	*Angers*	73.044	3	-	3	-	-	1	-	7	15	22	4	61	17	87	1.777	1.990	27,2
2	124	Cholet	16.804	5	-	-	-	-	7	-	12	14	40	7	2	50	194	-	319	18,9
3	156	Saumur	14.186	5	-	13	-	2	7	-	27	28	46	12	10	35	228	1	387	27,2
4	441	Trélazé	5.944	3	10	1	-	-	4	-	18	9	8	6	10	19	50	11	131	22,0
		MANCHE.																		
1	43	Cherbourg	37.013	42	-	77	3	1	4	-	127	53	71	4	156	62	505	3	981	26,5
2	197	Granville	11.620	7	..	6	-	1	5	-	19	-	3	4	23	15	147	1	215	18,4
3	215	Saint-Lô	10.580	7	-	-	-	1	-	-	8	-	31	1	6	45	248	-	339	32,0
4	283	Coutances	8.107	11		3	-	-	2	-	16	-	14	-	7	9	150	-	193	24,1
5	204	Avranches	8.000	1	-	13	-	-	-	-	14	-	38	3	3	1	135	15	209	26,1
6	363	Tourlaville	6.831	6	-	14	-	2	2	-	24	10	12	1	7	7	114	18	193	28,2
7	469	Valognes	5.718	-	-	1	-	1	-	-	2	-	10	-	15	11	83	1	122	21,3
8	560	Equeurdreville	5.035	2	-	21	-	7	1	-	31	1	10	4	5	5	112	4	172	34,1
		MARNE.																		
1	12	Reims	97 903	28	2	67	4	49	81	-	231	443	304	62	247	236	1.283	83	2.894	29,5
2	75	Châlons-sur-Marne	23.717	3	-	9	-	5	13	-	30	70	54	7	17	82	333	-	596	25,1
3	119	Épernay	17.326	11	-	2	1	1	9	-	24	34	44	19	19	48	207	-	395	22,8
4	309	Vitry-le-François	7.670	1	-	2	1	3	1	-	8	34	9	4	18	24	110	3	210	27,3
5	437	Ay	6.075	2	-	1	1	1	14	-	10	17	7	2	6	16	57	2	126	20,7
6	511	Mourmelon-le-Grd.	5.421	5	-	-	-	-	-	-	5	17	4	8	1	13	31	1	80	14,7
		MARNE (HAUTE-).																		
1	170	*Saint-Dizier*	13.392	»	»	»	»	»	»	-	»	»	»	»	»	»	»	395	395	29,4
2	173	Chaumont	12.852	1	1	-	-	2	-	-	4	20	18	2	41	14	163	1	263	20,4
3	201	Langres	11.111	5	1	-	-	1	1	-	8	15	7	9	22	15	134	1	211	19,0

Numéros d'ordre par département.	Numéros d'ordre de la nomenclature.	Noms des villes.	Population.	Maladies épidémiques. Fièvre typhoïde.	Maladies épidémiques. Variole.	Maladies épidémiques. Rougeole.	Maladies épidémiques. Scarlatine.	Maladies épidémiques. Coqueluche.	Maladies épidémiques. Diphtérie.	Maladies épidémiques. Choléra asiatique.	Maladies épidémiques. Totaux.	Diarrhée.	Phtisie.	Autres tuberculoses.	Bronchite aiguë et chronique.	Pneumonie.	Autres causes.	Causes inconnues.	Mortalité générale. Nombre absolu.	Mortalité générale. Proportion p. 1.000 h.
		MAYENNE.																		
1	50	Laval	30.211	10	-	-	8	-	3	-	21	40	73	39	47	69	467	12	768	25,4
2	205	*Mayenne*	10.845	»	»	»	»	»	»	-	»	»	»	»	»	»	»	319	319	29,4
3	329	Château-Gontier	7.334	2	-	-	-	.	-	-	2	12	15	3	11	31	149	-	223	30,4
4	538	*Ernée*	5.175	1	-	-	-	-	-	-	1	18	1	1	1	-	6	126	154	29,7
		MEURTHE-ET-MOSELLE.																		
1	14	Nancy	70.091	22	6	50	2	23	13	-	116	221	291	72	48	253	1.006	27	2.034	25,7
2	97	Lunéville	20.603	20	4	4	-	2	3	-	33	75	40	13	21	123	197	1	503	24,4
3	195	Pont-à-Mousson	11.699	-	-	4	-	-	-	-	4	25	15	1	46	19	173	-	283	24,1
4	218	Toul	10.459	10	-	1	1	-	2	-	14	31	25	6	11	30	99	3	219	20,9
5	367	Longwy	6.811	-	-	-	1	-	-	-	1	10	13	-	9	21	53	-	107	15,7
6	456	Baccarat	5.823	1	.	-	-	.	-	-	1	12	20	2	3	21	86	1	146	25,0
7	487	Saint-Nicolas	5.544	10	..	2	-	3	2	-	17	18	10	-	8	18	76	-	147	26,4
		MEUSE.																		
1	108	Bar-le-Duc	18.438	19	3	5	-	1	-	-	28	38	45	6	35	38	185	3	378	20,4
2	115	Verdun	17.501	6	-	3	1	-	2	-	12	67	25	5	22	36	174	3	344	19,6
3	440	Saint-Mihiel	6.003	7	-	-	-	-	2	-	9	13	2	6	12	9	96	1	148	24,6
4	490	Commercy	5.514	1	-	4	-	-	-	-	5	14	4	-	6	13	73	-	115	20,8
		MORBIHAN.																		
1	41	Lorient	39.600	101	5	104	-	12	11	-	233	6	70	23	140	30	731	-	1.233	31,1
2	100	Vannes	20.036	18	-	7	2	-	1	-	28	3	35	21	32	40	282	62	504	24,9
3	191	Plœmeur	11.845	15	6	2	2	7	11	-	43	13	49	14	21	8	139	-	287	24,1
4	244	Pontivy	9.466	2	8	-	1	5	3	-	19	7	7	-	35	6	129	4	207	21,8
5	333	*Caudan*	7.279	3	..	8	-	-	8	-	19	2	6	-	2	12	18	106	165	22,6
6	361	*Languidic*	6.920	-	-	-	-	-	-	-	-	-	-	1	9	19	103	17	149	21,5
7	392	Hennebont	6.519	4	1	2	1	1	2	-	11	2	11	2	9	21	126	14	196	30,1
8	406	Auray	6.392	3	2	8	-	7	10	-	30	8	16	4	4	20	100	7	189	29,5
9	451	Ploërmel	5.881	1	-	14	-	1	4	-	20	21	33	4	1	-	80	-	159	27,0
10	484	Sarzeau	5.563	2	-	7	-	-	-	-	9	1	2	1	26	27	60	5	131	23,5
11	493	Riantec	5.500	8	1	70	4	6	5	-	94	-	4	1	3	-	50	6	158	28,6
12	548	Palais	5.126	1	-	2	1	6	-	-	10	9	5	2	7	8	41	-	82	16,0
		NIÈVRE.																		
1	70	Nevers	24.817	11	1	-	-	-	5	-	17	24	49	3	36	35	394	1	559	22,5
2	303	Cosne	7.790	2	-	1	-	-	1	-	4	7	19	1	2	15	109	-	157	20,1
3	429	*Fourchambault*	6.147	-	-	-	-	-	-	-	-	5	9	6	7	9	42	38	116	18,8
4	504	La Charité	5.453	1	-	1	-	-	1	-	3	-	8	-	26	3	95	1	136	24,9
5	524	Clamecy	5.307	2	-	1	-	-	1	-	4	6	12	4	8	17	91	-	142	26,7
6	553	Decize	5.101	1	-	-	-		2	-	4	1	5	-	35	10	56	-	111	21,7

Numéros d'ordre par département.	Numéros d'ordre de la nomenclature.	Noms des villes.	Population.	Maladies épidémiques. Fièvre typhoïde.	Variole.	Rougeole.	Scarlatine.	Coqueluche.	Diphtérie.	Choléra asiatique.	Totaux.	Diarrhée.	Phtisie.	Autres tuberculoses.	Bronchite aiguë et chronique.	Pneumonie.	Autres causes.	Causes inconnues.	Mortalité générale. Nombre absolu.	Proportion p. 1.000 h.
		NORD.																		
1	5	Lille	183.172	48	1	100	2	64	103	-	318	585	659	152	491	554	2.274	4	5.067	27,2
2	11	Roubaix	100.179	36	-	90	10	50	29	-	224	403	318	68	306	208	950	80	2.557	25,5
3	27	Tourcoing	56.986	25	12	96	-	26	78	-	237	131	80	105	176	200	769	32	1.730	30,5
4	42	Dunkerque	38.240	15	-	29	2	9	29	-	84	197	131	12	42	158	445	-	1.069	27,9
5	52	Douai	29.577	10	-	18	-	25	13	-	66	44	93	38	44	50	238	10	633	21,4
6	59	Armentières	27.985	21	-	15	2	32	13	-	83	152	110	2	107	48	409	5	916	32,7
7	60	Valenciennes	27.327	11	-	21	-	2	5	-	30	13	91	12	79	67	347	1	640	23,7
8	76	Cambrai	23.617	4	-	28	1	5	11	-	49	29	55	20	28	54	282	-	517	21,8
9	111	Donain	17.807	7	-	20	3	8	40	-	78	38	40	33	15	78	195	-	477	26,7
10	112	Maubeuge	17.580	5	-	4	-	6	12	-	27	11	37	4	8	33	174	2	296	16,8
11	120	Watrelos	17.183	4	1	7	6	-	7	-	25	78	54	8	77	39	172	-	453	26,3
12	148	Fourmies	14.653	1	-	-	1	10	6	-	18	46	42	6	13	33	158	2	318	21,7
13	150	Halluin	14.596	4	-	46	-	11	13	-	74	97	31	7	75	90	118	-	492	33,6
14	171	Bailleul	13.362	2	-	6	-	4	2	-	14	19	51	9	64	26	248	29	460	34,4
15	185	Saint-Amand	12.105	1	-	1	-	-	8	-	10	17	44	2	17	25	111	3	229	18,9
16	207	Hazebrouk	10.773	16	-	-	-	6	8	-	30	19	15	12	15	18	118	-	227	21,0
17	220	Anzin	10.402	-	-	-	1	-	10	-	11	5	20	11	24	37	100	7	215	20,6
18	230	Le Cateau	9.907	-	-	13	-	10	2	-	25	26	9	6	15	34	130	1	246	24,8
19	243	Croix	9.528	5	-	20	2	4	5	-	36	51	26	7	23	39	81	2	265	27,8
20	246	Marcq-en-Barœul	9.418	1	-	-	-	3	6	-	10	22	-	16	22	7	119	-	196	20,8
21	250	Hautmont	9.317	-	-	1	-	1	3	-	5	5	15	4	4	25	102	-	160	17,1
22	255	La Madeleine	9.060	4	-	2	-	4	13	-	23	24	22	-	51	33	94	8	255	28,1
23	304	Loos	7.753	1	-	2	-	2	1	-	6	15	22	2	25	15	80	-	165	21,3
24	306	Rosendaël	7.702	2	-	3	-	-	7	-	12	53	18	11	6	9	104	-	213	27,6
25	314	Houplines	7.602	2	-	-	-	2	1	-	5	40	21	11	7	15	55	-	154	20,2
26	326	Caudry	7.389	-	-	-	-	5	14	-	19	11	14	9	2	21	90	-	163	22,4
27	335	Merville	7.255	2	-	-	-	2	15	-	19	12	25	3	19	19	85	-	182	25,1
28	348	Haubourdin	7.083	1	-	-	1	-	2	-	4	16	26	7	8	28	68	1	158	22,3
29	351	Comines	7.035	1	2	-	3	4	16	-	26	24	26	4	21	10	92	1	204	28,9
30	356	Estaires	6.823	1	-	-	1	3	2	-	7	18	27	1	7	8	63	1	132	19,3
31	380	Fresnes	6.698	1	-	-	2	-	13	-	16	3	11	1	13	2	92	-	138	20,5
32	391	Vieux-Condé	6.538	2	-	-	1	3	21	-	27	9	12	1	7	-	65	-	121	18,4
33	404	Solesmes	6.413	1	-	2	2	-	-	-	5	3	19	6	11	7	83	4	138	21,5
34	415	Aniche	6.253	2	-	-	1	1	2	-	6	6	9	3	9	14	76	1	124	19,8
35	433	Roncq	6.104	4	1	-	-	5	6	-	16	46	9	7	19	26	76	-	199	32,6
36	435	Avesnes	6.092	-	-	-	-	-	-	-	-	13	9	13	11	12	63	-	121	19,8
37	436	Sin-le-Noble	6.091	3	-		-	2	1	-	6	12	12	8	6	6	68	-	118	19,3
38	442	Gravelines	5.943	2	-	2	-	2	2	-	8	10	4	7	12	5	67	-	113	19,0
39	452	Seclin	5.858	-	-	11	-	1	3	-	15	1	37	2	-	15	88	-	158	26,8
40	461	Somain	5.796	1	-	-	8	1	1	-	11	6	28	-	25	1	61	3	135	23,2
41	470	Wignehies	5.705	3	-	-	1	-	1	-	5	18	12	5	2	24	81	1	148	25,9
42	485	Raismes	5.559	1	1	1	2	-	9	-	14	2	6	5	21	15	62	-	125	22,4
43	508	Bergues	5.435	-	-	42	-	1	-	-	43	11	4	8	15	23	74	2	180	33,1
44	533	Nieppe	5.207	-	-	8	-	5	-	-	13	28	18	-	6	16	70	2	153	29,3
45	534	Saint-Pol-sur-mer	5.200	-	-	2	4	-	3	-	9	53	15	2	-	3	54	16	152	29,2
46	540	Condé	5.172	2	-	-	-	-	1	-	3	4	10	1	9	11	41	-	79	15,2
47	557	Quesnoy-sur-Deule	5.064	2	-	-	-	-	2	-	4	9	2	3	21	10	56	2	107	21,1

NUMÉROS D'ORDRE par département.	NUMÉROS D'ORDRE de la nomenclature.	NOMS des VILLES.	POPULATION.	MALADIES ÉPIDÉMIQUES. FIÈVRE TYPHOÏDE.	VARIOLE.	ROUGEOLE.	SCARLATINE.	COQUELUCHE.	DIPHTÉRIE.	CHOLÉRA ASIATIQUE.	TOTAUX.	DIARRHÉE.	PHTISIE.	AUTRES TUBERCULOSES.	BRONCHITE AIGUË ET CHRONIQUE.	PNEUMONIE.	AUTRES CAUSES.	CAUSES INCONNUES.	MORTALITÉ GÉNÉRALE. NOMBRE ABSOLU.	PROPORTION P. 1,000 H.
		OISE.																		
1	109	Beauvais	18.301	24	-	-	2	-	14	-	40	48	49	3	10	44	284	27	505	27,5
2	155	Compiègne	14.313	2	-	-	1	-	2	-	5	28	33	8	9	25	191	1	300	21,0
3	323	Creil	7.418	2	-	7	1	3	1	-	14	19	12	10	14	1	93	1	170	22,9
4	346	Senlis	7.127	4	-	-	-	3	1	-	8	17	26	9	6	32	112	-	210	29,4
5	421	Noyon	6.204	2	2	-	-	-	-	-	4	10	10	1	7	8	101	1	142	22,8
6	488	Clermont	5.529	1	-	-	-	-	-	-	1	20	25	4	15	20	217	-	302	54,6
7	517	Montalaire	5.376	2	-	-	-	-	-	-	2	25	11	5	8	10	46	4	111	20,6
		ORNE.																		
1	113	Alençon	17.550	8	-	-	-	-	6	-	14	26	31	10	59	55	235	1	431	24,4
2	165	*Flers*	13.709	3	-	-	-	2	7	-	12	8	38	4	25	18	109	97	311	22,7
3	262	*La Ferté-Macé*	8.908	»	»	»	»	»	»	-	»	»	»	»	»	»	»	143	143	16,0
4	413	*Argentan*	6.285	»	»	»	»	»	»	-	»	»	»	»	»	»	»	144	144	22,9
5	543	*Laigle*	5.155	»	»	»	»	»	»	-	»	»	»	»	»	»	»	147	147	28,5
6	556	Domfront	5.076	1	-	-	-	-	3	-	4	4	18	1	14	9	49	2	101	19,8
		PAS-DE-CALAIS.																		
1	25	Calais	58.710	27	6	29	1	12	24	-	99	84	208	8	187	112	625	-	1.323	22,5
2	36	Boulogne-sur-mer	45.074	24	-	117	-	18	34	-	193	163	142	63	69	152	471	20	1.293	28,6
3	65	Arras	26.490	3	1	7	-	3	4	-	18	16	98	25	19	119	271	1	567	21,3
4	92	Saint-Omer	21.149	2	2	26	-	8	2	-	40	47	61	21	26	50	291	1	537	25,3
5	196	Lens	11.646	3	-	3	-	-	3	-	9	34	26	5	28	4	142	5	253	21,6
6	203	Béthune	10.780	10	-	15	1	-	13	-	39	10	12	9	42	16	131	-	259	23,9
7	200	Liévin	10.713	1	-	20	-	8	9	-	38	33	17	17	26	21	104	4	260	24,2
8	276	Aire	8.375	4	-	2	-	1	2	-	9	15	15	3	30	13	93	1	179	21,3
9	299	Hénin-Liétard	7.848	2	3	-	-	-	4	-	9	3	13	8	23	15	100	1	172	21,9
10	302	*Carvin*	7.808	»	»	»	»	»	»	-	»	»	»	»	»	»	»	160	160	20,4
11	320	Lillers	7.473	2	-	4	1	-	4	-	11	28	18	6	22	14	99	5	203	27,1
12	353	Bruay	7.031	10	-	52	1	3	12	-	78	39	29	17	10	8	85	-	266	37,8
13	514	Portel	5.392	3	-	41	1	-	15	-	60	12	10	2	7	6	46	7	150	27,8
14	519	Auchel	5.359	-	-	35	-	3	2	-	40	4	20	2	5	31	73	4	179	33,3
15	533	Berck-sur-mer	5.187	4	2	15	3	5	4	-	33	2	12	4	8	16	75	2	152	28,0
		PUY-DE-DOME.																		
1	34	Clermont-Ferrand	43.426	16	1	4	6	-	31	-	58	47	60	17	190	123	662	10	1.167	25,1
2	127	*Thiers*	16.426	-	-	-	-	-	2	-	2	-	-	-	-	3	273	70	348	21,0
3	229	Riom	10.030	4	-	-	2	-	9	-	15	18	37	15	37	34	124	-	280	27,7
4	283	*Ambert*	8.211	-	-	-	3	-	-	-	3	-	17	2	1	15	55	115	207	25,2
5	414	Issoire	6.265	1	1	1	-	-	5	-	8	-	2	-	11	4	124	5	154	24,6
6	481	Saint-Rémy	5.569	1	-	-	-	5	9	-	15	2	7	-	5	1	45	9	84	14,9

Numéros d'ordre par département.	Numéros d'ordre de la nomenclature.	Noms des villes.	Population.	Maladies épidémiques. Fièvre typhoïde.	Variole.	Rougeole.	Scarlatine.	Coqueluche.	Diphtérie.	Choléra asiatique.	Totaux.	Diarrhée.	Phtisie.	Autres tuberculoses.	Bronchite aiguë et chronique.	Pneumonie.	Autres causes.	Causes inconnues.	Mortalité générale. Nombre absolu.	Proportion p. 1.000 h.
		PYRÉNÉES (BASSES-).																		
1	51	Pau	30.162	12	-	-	1	1	16	-	30	40	113	18	37	51	419	4	712	23,5
2	64	Bayonno	26.563	7	-	1	-	9	9	-	26	37	92	6	52	70	286	1	570	21,4
3	259	Oloron	8.931	-	-	-	-	2	16	-	18	30	13	14	8	16	133	4	236	26,4
4	275	Biarritz	8.444	4	-	-	1	1	3	-	9	12	20	4	8	17	98	-	168	19,9
5	373	*Orthez*	6.743	»	»	»	»	»	»	-	»	»	1	»	»	»	»	151	152	22,5
6	430	Salies	6.147	-	-	-	-	1	2	-	3	5	3	-	-	14	116	-	141	22,9
7	457	Hasparren	5.822	-	9	-	-	-	-	-	9	10	5	3	15	6	49	1	98	16,6
		PYRÉNÉES (HAUTES-).																		
1	72	Tarbes	24.453	24	-	-	-	-	39	-	63	55	54	10	84	50	234	-	550	22,4
2	252	Bagnères-de-Bigorre	9.248	7	-	-	-	-	-	-	7	5	14	8	16	10	133	-	193	20,8
3	393	Lourdes	6.517	2	-	3	-	1	-	-	6	2	4	-	24	7	128	15	186	28,5
		PYRÉNÉES-ORIENTALES.																		
1	48	Perpignan	34.183	29	-	12	1	-	18	-	60	74	57	61	72	139	410	45	918	26,8
2	417	Rivesaltes	6.235	1	-	-	-	-	12	-	13	9	7	11	5	43	69	-	157	25,2
3	496	St-Laurent-de-la-Saiznq	5.476	6	-	20	-	-	4	-	30	23	4	1	7	20	47	2	134	24,4
		RHIN (HAUT-).																		
1	84	Belfort	21.912	1	-	-	-	-	4	-	5	63	41	24	24	45	182	10	304	18,0
		RHONE.																		
1	2	Lyon	400.410	101	15	68	18	36	395	-	633	468	1.396	322	1.030	1.169	4.814	-	9.832	24,5
2	157	Villourbanne	14.177	2	1	6	-	4	4	-	17	35	40	6	26	28	174	-	326	23,0
3	180	Villefranche	12.396	4	6	-	-	-	-	-	10	22	46	11	56	31	210	4	390	31,4
4	184	Tarare	12.331	-	-	-	-	-	1	-	1	24	29	4	45	26	144	1	274	22,0
5	212	Givors	10.619	4	1	-	-	1	6	-	12	9	10	23	13	28	151	1	247	23,2
6	232	Caluiro-et-Cuire	9.854	-	-	1	-	-	1	-	2	13	9	15	11	31	109	10	200	20,3
7	334	Amplepuis	7.274	1	-	-	-	1	-	-	2	38	16	3	22	20	00	1	162	22,2
8	341	Oullins	7.180	1	-	1	1	-	3	.	6	21	14	8	16	29	65	4	163	22,6
9	416	Cours	6.246	1	-	2	3	5	-	-	11	5	7	-	24	8	91	-	146	23,3
10	450	Vénissieux	5.884	-	-	-	-	-	1	-	1	9	6	3	9	11	41	1	81	13,7

Numéros d'ordre par département.	Numéros d'ordre de la nomenclature.	Noms des villes.	Population.	Maladies épidémiques. Fièvre typhoïde.	Variole.	Rougeole.	Scarlatine.	Coqueluche.	Diphtérie.	Choléra asiatique.	Totaux.	Diarrhée.	Phtisie.	Autres tuberculoses.	Bronchite aiguë et chronique.	Pneumonie.	Autres causes.	Causes inconnues.	Mortalité générale. Nombre absolu.	Proportion p. 1.000 h.
		SAONE (HAUTE-).																		
1	237	Vesoul...........	9.733	2	-	-	-	-	-	-	2	21	13	3	16	17	123	-	195	20,0
2	364	Gray.............	6.826	1	-	5	-	2	1	-	9	7	13	8	34	12	115	3	201	29,4
3	464	Fougerolles......	5.776	-	-	-	-	-	-	-	-	11	4	5	11	27	56	-	114	19,7
		SAONE-ET-LOIRE.																		
1	63	Le Creusot.......	26.803	8	1	8	22	5	3	-	47	54	30	9	54	62	274	14	544	20,2
2	78	Chalon-sur-Saône.	22.781	12	-	2	2	5	3	-	24	47	41	10	90	35	342	-	589	25.8
3	101	Mâcon	19.609	7	-	4	-	-	1	-	12	14	37	20	50	55	275	3	466	23,6
4	139	Montceau-les-mines	15.235	10	2	-	5	4	7	-	28	46	19	1	34	49	170	4	351	22,9
5	152	Autun...........	14.375	7	-	5	-	-	2	-	14	20	26	7	21	53	205	15	361	25,0
6	531	Tournus.........	5.248	-	-	-	-	-	-	-	-	3	14	2	30	21	71	2	143	27,2
		SARTHE.																		
1	26	Le Mans.........	57.378	20	-	16	3	-	30	-	69	122	183	13	31	144	875	82	1.522	26,5
2	233	La Flèche	9.841	2	-	-	-	-	-	-	2	4	11	15	17	23	154	2	228	23,1
3	399	Mamers	6.478	3	-	-	-	-	13	-	16	-	2	-	2	13	94	-	127	19,5
4	423	Sablé	6.183	6	-	3	-	-	4	-	13	4	10	5	8	10	92	2	144	23,3
5	472	La Ferté-Bernard.	5.688	2	-	7	-	-	1	-	10	10	5	-	24	16	86	-	151	26,5
		SAVOIE.																		
1	95	*Chambéry*........	20.795	12	1	9	-	1	3	-	26	18	33	6	27	35	183	187	515	24,7
2	480	*Aix-les-bains*......	5.580	»	»	»	»	»	»	-	»	»	»	»	»	»	»	156	156	27,9
3	499	Albertville.......	5.460	3	-	12	-	4	-	-	19	1	7	1	5	1	83	5	122	22,3
		SAVOIE (HAUTE-).																		
1	194	Annecy	11.719	5	-	5	2	-	5	-	17	15	43	18	33	32	156	-	314	26,6
2	506	Thonon	5.447	2	2	1	-	6	10	-	21	5	17	[illegible]	26	21	56	1	147	26,9

Numéros d'ordre par département.	Numéros d'ordre de la nomenclature.	Noms des villes.	Population.	Maladies épidémiques. Fièvre typhoïde.	Variole.	Rougeole.	Scarlatine.	Coqueluche.	Diphtérie.	Choléra asiatique.	Totaux.	Diarrhée.	Phtisie.	Autres tuberculoses.	Bronchite aiguë et chronique.	Pneumonie.	Autres causes.	Causes inconnues.	Mortalité générale. Nombre absolu.	Proportion p. 1.000 h.
		SEINE.																		
1	1	Paris	2.900.945	656	76	1.495	223	491	1.668	-	4.609	3.739	10.714	1.407	3.810	5.119	24.662	506	54.566	24,1
2	33	Saint-Denis	46.829	20	..	55	4	8	26	-	113	147	178	85	119	147	604	-	1.393	29,7
3	46	Levallois-Perret	34.384	18	2	20	2	2	22	-	66	124	170	7	74	205	451	9	1.106	32,1
4	54	Boulogne	29.406	18	4	41	4	6	25	-	98	128	169	16	51	66	395	2	925	31,4
5	67	Neuilly	26.030	9	..	1	1	2	10	-	23	42	52	24	57	73	377	3	651	24,9
6	68	Clichy	26.002	10	2	19	-	18	15	-	64	137	68	55	91	76	298	4	793	30,4
7	86	Aubervilliers	21.862	10	3	25	8	10	16	-	72	97	112	41	59	80	236	-	706	32,2
8	89	Vincennes	21.680	4	-	14	1	2	19	-	40	44	67	12	53	54	223	1	494	22,7
9	93	Montreuil-sous-bois	21.127	4	-	4	1	9	27	-	45	80	82	4	87	52	248	-	598	28,2
10	94	Saint-Ouen	20.812	9	1	38	2	19	18	-	87	89	145	34	81	76	252	-	764	35,7
11	96	Ivry	20.756	7	-	10	1	16	10	-	44	91	115	17	71	130	379	4	851	40,9
12	105	Pantin	19.197	4		15	1	4	19	-	45	52	29	82	33	72	216	2	531	27,6
13	132	Saint-Maur	16.050	2	-	1	1	1	1	-	6	26	52	3	24	40	236	..	387	24,0
14	135	Puteaux	15.628	18	1	4	1	3	20	-	47	51	73	6	29	71	222	5	504	32,2
15	138	Courbevoie	15.538	12	-	6	1	-	15	-	34	29	69	17	33	45	194	-	421	27,0
16	143	Asnières	14.953	8	1	-	-	-	9	-	18	31	71	13	13	36	218	4	404	26,9
17	162	Colombes	13.971	3	-	4	1	-	7	-	15	34	58	5	42	48	197	1	400	28,5
18	163	Gentilly	13.913	3	-	10	..	3	25	-	41	33	69	6	45	130	452	5	781	56,1
19	178	Charenton	12.452	15	-	4	-	3	24	-	46	11	46	17	24	53	138	2	337	26,9
20	190	Issy	11.862	4	-	3	-	3	23	-	33	27	40	51	29	73	193	-	446	37,4
21	217	Saint-Mandé	10.492	17	-	-	1	-	6	-	24	13	44	16	12	32	175	1	317	30,1
22	226	Montrouge	10.147	1	-	4	1	1	7	-	14	15	39	7	29	23	158	-	285	28,2
23	286	Malakoff	8.118	-	-	8	4	2	4	-	18	25	34	8	15	26	115	1	242	29,8
24	287 bis	Nogent-sur-Marne	8.110	2	-	10	-	3	4	-	19	16	22	2	8	22	92	2	183	22,5
25	298	Choisy-le-roi	7.853	3	-	12	-	5	2	-	22	27	16	14	12	28	94	-	213	27,1
26	307	Suresnes	7.683	2	-	1	1	-	5	-	9	14	21	9	13	26	95	1	188	24,4
27	321	Pré-Saint-Gervais	7.433	3	-	4	2	-	4	-	13	16	15	12	11	33	91	1	192	25,8
28	352	Maisons-Alfort	7.034	4	-	-	-	1	5	-	10	11	22	6	3	8	73	-	133	18,9
29	387	Alfortville	6.603	3	-	2	1	1	2	-	9	16	31	5	5	32	92	2	192	29,0
30	395	Saint-Maurice	6.503	2	-	3	-	4	5	-	14	6	23	8	15	33	132	-	231	35,4
31	400	Arcueil-Cachan	6.465	1	-	1	-	3	1	-	6	21	18	4	14	31	99	-	193	29,8
32	431	Vitry	6.122	2	-	1	-	1	3	-	7	15	11	6	4	23	64	-	130	21,2
33	444	Vanves	5.936	1	-	13	-	-	4	-	18	12	25	8	9	20	77	-	167	27,6
34	453	Fontenay-sous-bois	5.839	4	-	3	-	-	1	-	8	8	14	3	5	12	66	-	116	19,8
35	464 bis	Le Perreux	5.752	-	-	4	-	-	3	-	7	17	11	10	3	14	86	-	148	25,7
36	478	Nanterre	5.592	9	-	1	-	2	1	-	13	124	176	12	45	138	481	21	1.011	180,8
37	479	Les Lilas	5.587	1	1	3	-	1	2	-	8	9	28	3	16	25	81	1	169	30,2
38	527	Bagnolet	5.280	1	-	1	-	2	7	-	11	14	26	2	14	14	71	1	153	28,9
39	550	Clamart	5.112	1	-	2	-	-	3		6	12	17	2	4	28	79	-	148	28,9
		Totaux	2.795.061	891	93	1.842	262	626	2.038	-	5.782	5.398	12.970	2.034	5.062	7.223	32.100	579	71.457	25,5

Numéros d'ordre par département.	Numéros d'ordre de la nomenclature.	Noms des villes.	Population.	Maladies épidémiques. Fièvre typhoïde.	Variole.	Rougeole.	Scarlatine.	Coqueluche.	Diphtérie.	Choléra asiatique.	Totaux.	Diarrhée.	Phtisie.	Autres tuberculoses.	Bronchite aiguë et chronique.	Pneumonie.	Autres causes.	Causes inconnues.	Mortalité générale. Nombre absolu.	Proportion p. 1.000 h.
		SEINE-INFÉRIEURE.																		
1	9	Le Havre........	111.267	113	2	168	5	37	54	-	379	435	594	32	191	342	1.587	48	3.608	32,4
2	10	Rouen..........	106.495	102	2	15	-	3	47	-	169	525	527	38	105	330	1.688	159	3.541	33,2
3	79	Dieppe..........	22.762	6	-	-	-	-	7	-	13	192	64	16	65	53	315	6	724	31,7
4	90	Elbeuf-sur-Seine..	21.645	11	-	16	-	3	5	-	35	124	45	1	40	198	262	-	705	32,4
5	142	Sotteville-lès-Rouen	15.192	10	-	-	-	-	1	-	11	70	44	14	5	34	257	-	435	28,6
6	175	Fécamp.........	12.808	11	-	8	-	7	1	-	27	52	33	10	4	38	150	3	317	24,7
7	186	Bolbec..........	11.971	11	-	-	-	-	2	-	13	68	25	23	13	31	173	14	360	29,9
8	202	Caudebec-lès-Elbeuf	11.038	9	-	1	-	1	4	-	15	50	32	2	27	21	159	-	306	27,5
9	227	Petit Quévilly....	10.114	5	-	4	-	-	-	-	9	69	29	4	14	20	126	-	271	26,8
10	295	Yvetot..........	7.972	1	-	-	-	-	-	-	1	8	4	23	9	18	118	-	181	22,7
11	370	Lillebonne.......	6.789	5	-	-	-	10	2	-	17	26	21	-	5	15	99	-	183	25,9
12	386	Darnétal.........	6.609	5	-	-	-	-	-	-	5	48	11	6	7	14	114	-	205	31,0
13	446	Graville-Ste-Honorine.	5.927	2	-	7	-	1	-	-	10	35	11	12	2	38	111	7	226	38,1
14	462	Sanvic..........	5.783	3	-	10	-	2	2	-	17	49	13	9	11	17	58	1	175	30,2
15	500	Boisguillaume....	5.460	5	-	-	-	-	-	-	5	12	3	5	11	13	85	1	135	24,7
16	526	Deville..........	5.281	5	-	1	-	-	4	-	10	17	7	8	17	14	53	4	130	24,6
17	512	Montivilliers......	5.157	6	-	2	2	1	3	-	14	39	9	3	2	10	78	1	156	30,2
		SEINE-ET-MARNE.																		
1	151	Fontainebleau....	14.495	9		-	-	-	1	-	10	18	22	27	7	30	169	1	284	19,5
2	177	Melun...........	12.457	6	-	-	-	-	12	-	18	16	37	4	16	34	146	-	271	21,6
3	182	Meaux..........	12.353	7	-	-	1	-	5	-	13	26	39	13	26	24	209	3	353	28,5
4	281	Provins.........	8.240	-	-	7	-	-	4	-	11	12	18	7	14	39	134	1	236	28,6
5	305	Montereau.......	7.709	3	1	-	-	-	9	-	13	19	25	18	8	12	98	2	195	25,2
6	418	Coulommiers.....	6.218	1	-	2	-	-	-	-	3	3	16	3	10	15	47	3	100	16,0
		SEINE-ET-OISE.																		
1	31	Versailles........	49.852	22	1	31	5	8	13	-	80	100	165	44	73	195	709	16	1.382	27,6
2	129	St-Germain-en-Laye. .	16.312	12	-	6	-	1	12	-	31	18	59	10	24	66	302	4	514	31,5
3	174	Argenteuil.......	12.809	4	-	-	-	2	1	-	7	30	6	2	67	28	197	3	340	26,5
4	248	Rueil............	9.364	3	-	15	-	-	3	-	21	33	4	21	7	40	117	-	243	25,0
5	273	Étampes.........	8.461	2	-	-	-	5	12	-	19	4	24	17	30	30	112	1	237	28,0
6	312	Moudon.........	7.621	1	-	10	1	2	-	-	14	14	26	1	14	29	81	-	179	23,4
7	313	Sèvres..........	7.620	2	-	5	1	1	1	-	10	25	26	8	5	19	91	5	189	24,8
8	318	Corbeil..........	7.541	5	-	8	-	-	4	-	17	14	22	10	12	24	141	4	244	32,3
9	340	Pontoise.........	7.192	3	-	16	1	1	2	-	23	18	29	10	6	15	150	1	252	35,0
10	365	Essonnes.........	6.825	2	-	14	1	-	12	-	29	14	16	4	6	12	78	1	160	23,4
11	386	Mantes..........	6.607	2	-	-	2	-	6	-	10	22	16	5	16	30	97	-	196	29,6
12	405	Poissy...........	6.403	4	-	-	-	-	1	-	6	19	24	5	10	7	69	-	140	21,8
13	434	*Neuilly-sur-Marne.*	6.097	1	-	-	-	-	-	-	1	9	28	6	7	33	298	57	439	72,0
14	475	Rambouillet......	5.633	1	-	-	-	-	-	-	1	12	5	-	3	9	81	-	111	19,7
15	509	Le Raincy.......	5.428	-	-	-	-	-	3	-	3	1	5	5	9	10	63	-	96	17,6
16	515	Saint-Cloud......	5.380	1	-	-	-	1	-	-	2	5	18	8	2	5	63		103	19,1

Numéros d'ordre par département.	Numéros d'ordre de la nomenclature.	Noms des villes.	Population.	Maladies épidémiques.								Diarrhée.	Phtisie.	Autres tuberculoses.	Bronchite aigue et chronique.	Pneumonie.	Autres causes.	Causes inconnues.	Mortalité générale.	
				Fièvre typhoïde.	Variole.	Rougeole.	Scarlatine.	Coqueluche.	Diphtérie.	Choléra asiatique.	Totaux.								Nombre absolu.	Proportion p. 1.000 h.
		SÈVRES (DEUX-).																		
1	81	Niort	22.509	18	-	21	-	-	3	-	42	11	87	18	18	40	374	23	613	27,2
2	382	Parthenay	6.646	2	-	6	-	2	1	-	11	6	7	5	11	19	82	2	143	21,5
3	483	*Saint-Maixent*	5.565	»	»	»	»	»	»	-	»	»	»	»	»	»	»	91	91	16,3
		SOMME.																		
1	13	Amiens	79.307	39	3	36	-	4	13	-	95	231	222	11	230	141	937	21	1.888	23.8
2	102	Abbeville	19.661	7	3	4	-	2	14	-	30	44	49	10	39	30	283	-	485	24,6
3	443	Villers-Bretonneux	5.939	2	-	-	-	3	2	-	7	7	20	1	3	4	105	4	151	25,4
4	458	Albert	5.821	1	-	4	-	-	3	-	8	15	17	7	10	15	68	1	141	24,2
		TARN.																		
1	61	Castres	27.272	26	8	30	8	18	9	-	99	5	50	-	51	45	469	7	729	26,7
2	91	Albi	21.164	6	4	14	-	4	8	-	36	19	26	44	39	31	352	-	547	25,9
3	147	Mazamet	14.666	4	-	10	-	3	3	-	20	13	9	1	100	37	137	1	318	21,6
4	279	*Gaillac*	8.334	»	»	»	»	»	»	..	»	»	»	»	»	»	»	225	226	27,1
5	291	Carmaux	8.059	5	-	78	-	11	1	-	95	21	16	2	9	4	157	1	305	37,8
6	357	Lavaur	6.963	6	-	7	2	3	1	-	19	5	19	1	7	20	95	11	177	25,4
7	330	Graullet	6.924	2	-	3	-	-	41	-	46	11	16	2	8	25	122	9	239	34,5
		TARN-ET-GARONNE.																		
1	53	Montauban	29.445	18	-	22	2	3	14	-	59	32	17	37	42	103	442	35	767	26,0
2	253	*Moissac*	9.232	»	»	»	»	»	»	-	»	»	»	»	»	»	»	211	211	22,8
3	316	Castelsarrazin	7.590	3	-	3	-	-	1	-	7	6	5	1	11	21	148	3	202	26,6
		VAR.																		
1	19	Toulon (1)	70.054	81	11	29	-	2	41	-	164	186	48	85	269	242	1.175	-	2.169	31,0
2	167	*Hyères*	13.435	»	»	»	»	»	»	-	»	»	»	»	»	»	»	348	348	25,7
3	172	La Seyne (1)	12.524	2	-	10	-	-	2	-	14	47	14	13	55	41	176	-	335	29,1
4	236	Draguignan	9.753	8	-	-	-	-	3	-	11	20	2	17	51	37	159	1	298	30,5
		VAUCLUSE.																		
1	40	Avignon	41.007	26	4	11	3	9	42	-	95	139	106	20	138	90	665	1	1.254	30,5
2	224	Orange	10.280	3	2	2	-	1	4	-	12	32	24	4	21	8	120	1	222	21,5
3	230	*Carpentras*	9.685	-	1	3	1	1	4	-	10	17	14	2	14	9	139	33	238	24,5
4	234	Cavaillon	9.144	12	9	-	1	6	-	-	28	17	4	10	26	25	111	1	223	24,3
5	411	L'Isle	6.317	24	7	2	7	1	2	-	43	-	29	14	8	10	61	4	169	26,7
6	465	Apt	5.743	1	-	-	10	2	3	-	16	10	7	-	32	22	78	-	165	28,7
7	494	Pertuis	5.484	2	4	-	-	.	1	-	7	2	12	1	13	6	58	-	99	18,0
8	515	Bollène	5.388	6	-	-	-	1	2	-	9	25	18	2	15	15	58	-	142	26,3

(1) La mortalité de l'hôpital maritime dit de *Saint-Mandrier*, quoique relevant de l'état-civil de la commune de La Seyne, a été reportée à la ville de Toulon, à laquelle elle doit être logiquement rattachée, et la statistique de la Seyne a été déchargée du nombre de décès correspondant.

Numéros d'ordre par département.	Numéros d'ordre de la nomenclature.	Noms des villes.	Population.	Maladies épidémiques. Fièvre typhoïde.	Variole.	Rougeole.	Scarlatine.	Coqueluche.	Diphtérie.	Choléra asiatique.	Totaux.	Diarrhée.	Phtisie.	Autres tuberculoses.	Bronchite aiguë et chronique.	Pneumonie.	Autres causes.	Causes inconnues.	Mortalité générale. Nombre absolu.	Proportion p. 1.000 h.
		VENDÉE.																		
1	193	La Roche-sur-Yon	11.773	4	-	-	-	4	3	-	11	9	40	16	14	20	175	-	285	23,9
2	208	*Les-Sables-d'Olonne*	10.731	»	»	»	»	»	»	-	»	»	»	»	»	»	»	251	251	23,3
3	225	Fontenay-le-comte	10.164	7	-	-	1	-	-	-	8	14	16	9	13	12	100	-	172	17,0
4	394	Luçon	6.506	3	-	-	-	-	-	-	3	4	6	5	11	9	89	1	128	19,6
5	432	*Noirmoutier*	6.107	3	-	11	-	4	1	-	19	5	1	-	16	2	21	54	118	19.3
6	539	Challans	5.172	1	-	-	-	-	1	-	2	-	7	1	1	1	68	13	93	17,9
		VIENNE.																		
1	45	*Poitiers*	36.878	22	»	65	»	»	»	-	87	»	»	»	»	»	»	792	879	23,8
2	117	Châtellerault	17.402	5	-	16	-	-	21	-	42	9	22	15	36	62	318	14	518	29,7
3	541	Montmorillon	5.158	2	-	-	-	-	-	-	2	9	12	-	8	10	79	-	120	23,3
		VIENNE (HAUTE-).																		
1	20	Limoges	68.291	35	1	10	3	11	11	-	71	102	270	13	208	236	830	29	1.759	25,7
2	271	Saint-Junien	8.479	1	-	-	-	2	1	-	4	17	20	8	4	20	100	3	176	20,7
3	311	*Saint-Yrieix*	7.626	3	-	-	-	2	5	-	10	9	10	10	17	10	67	24	157	20,5
4	439	Saint-Léonard	6.038	2	-	-	-	-	-	-	2	-	5	1	8	7	70	2	95	15,7
		VOSGES.																		
1	98	Épinal	20.408	8	5	-	1	1	15	-	30	61	32	7	37	99	198	25	489	24,0
2	122	Saint-Dié	17.024	9	-	-	1	3	4	-	17	23	39	6	27	71	219	2	404	23,6
3	264	Remiremont	8.756	2	-	-	-	2	11	-	15	24	16	11	7	16	108	-	197	22,4
4	314bis	Val-d'Ajol	7.589	-	-	-	-	3	-	-	3	-	10	-	3	4	157	-	177	23,3
5	362	*Gérardmer*	6.914	-	-	-	-	-	-	-	-	9	7	-	12	8	62	68	166	24,0
6	471	Rambervilliers	5.691	2	-	-	1	3	-	-	6	6	6	1	16	19	67	-	121	21,2
7	502	Mirecourt	5.455	1	16	-	-	1	-	-	18	-	7	1	12	7	128	-	173	31,7
		YONNE.																		
1	116	*Auxerre*	17.456	»	»	»	»	»	»	-	»	»	»	»	»	»	»	473	473	27,0
2	159	Sens	14.035	2	-	1	2	4	3	-	12	35	34	16	18	50	202	2	369	26,1
3	396	Joigny	6.494	3	-	-	2	-	2	-	7	5	6	8	6	26	81	-	139	21,4
4	409	Avallon	6.335	1	-	-	-	-	1	-	2	-	10	-	4	8	120	1	154	24,3
5	547	Villeneuve-s/-Yonne	5.127	1	-	-	-	-	-	-	1	14	13	1	6	10	80	-	125	24,3
6	554	Tonnerre	5.095	3	-	-	2	-	-	-	5	8	9	4	11	8	70	-	115	22,5

ALGÉRIE.

ALGER.

Numéros d'ordre par département.	Numéros d'ordre de la nomenclature.	Noms des villes.	Population.	Maladies épidémiques. Fièvre typhoïde.	Variole.	Rougeole.	Scarlatine.	Coqueluche.	Diphtérie.	Choléra asiatique.	Totaux.	Diarrhée.	Phtisie.	Autres tuberculoses.	Bronchite aiguë et chronique.	Pneumonie.	Autres causes.	Causes inconnues.	Mortalité générale. Nombre absolu.	Proportion p. 1.000 h.
1	1	Alger	75.432	72	28	150	1	5	37	-	293	123	204	91	183	319	980	174	2.367	31,3
2	6	Blida	24.304	23	3	1	2	17	19	-	65	53	124	51	127	59	360	9	848	34,8
3	9	Mustapha	17.729	29	10	26	6	2	15	-	88	103	215	101	21	156	564	16	1.267	71,5

CONSTANTINE.

Numéros d'ordre par département.	Numéros d'ordre de la nomenclature.	Noms des villes.	Population.	Fièvre typhoïde.	Variole.	Rougeole.	Scarlatine.	Coqueluche.	Diphtérie.	Choléra asiatique.	Totaux.	Diarrhée.	Phtisie.	Autres tuberculoses.	Bronchite aiguë et chronique.	Pneumonie.	Autres causes.	Causes inconnues.	Nombre absolu.	Proportion p. 1.000 h.
1	3	*Constantine*	44.960	129	53	2	6	1	35	-	226	37	36	42	122	63	425	1.086	2.037	45,3
2	4	Bône	29.640	49	35	-	-	1	29	-	114	82	88	9	82	155	450	37	1.017	34,3
3	7	Philippeville	22.177	27	7	-	1	-	12	-	47	29	41	3	59	82	311	18	590	26,5
4	12	Sétif	11.470	7	1	18	2	3	3	-	34	25	10	19	12	69	103	5	277	24,0
5	13	Bougie	11.016	7	13	1	1	3	3	-	28	29	28	5	13	33	133	8	277	51,3
6	15	Guelma	6.739	6	-	-	-	-	-	-	6	4	4	1	9	12	62	2	100	14,8
7	16	Batna	6.514	2	1	-	-	-	10	-	13	10	9	4	3	9	43	2	93	14,8
8	18	Souk-Ahras	5.997	-	-	-	-	-	2	-	2	-	3	9	5	18	185	-	222	37,0

ORAN.

Numéros d'ordre par département.	Numéros d'ordre de la nomenclature.	Noms des villes.	Population.	Fièvre typhoïde.	Variole.	Rougeole.	Scarlatine.	Coqueluche.	Diphtérie.	Choléra asiatique.	Totaux.	Diarrhée.	Phtisie.	Autres tuberculoses.	Bronchite aiguë et chronique.	Pneumonie.	Autres causes.	Causes inconnues.	Nombre absolu.	Proportion p. 1.000 h.
1	2	Oran	68.149	141	1	2	1	7	205	-	357	195	173	58	208	225	857	155	2.228	32,7
2	5	*Tlemcen*	26.695	30	-	-	-	-	27	-	57	50	37	2	47	29	349	168	739	27,6
3	8	Sidi-bel-Abbès	21.124	90	-	2	-	5	74	-	171	85	55	30	55	94	232	2	704	33,3
4	10	Mascara	15.453	4	-	-	-	-	4	-	8	16	24	4	129	73	225	1	480	31,1
5	11	Mostaganem	13.594	21	2	1	1	-	22	-	47	13	31	13	28	37	436	1	606	43,9
6	14	St-Denis-du-Sig	9.957	5	-	1	-	-	11	-	17	19	13	5	12	38	132	1	237	23,7
7	17	Relizane	6.260	3	12	-	-	2	3	-	20	31	22	17	22	24	126	-	262	41,8
8	19	Saïda	4.825	18	-	-	-	-	8	-	26	18	9	5	19	14	116	1	208	42,7

STATISTIQUE SANITAIRE DES VILLES DE FRANCE.

DEUXIÈME PARTIE.

DOCUMENTS STATISTIQUES

SUR

LA RÉPARTITION DE LA MORTALITÉ GÉNÉRALE

ET DE

LA MORTALITÉ PAR MALADIES ÉPIDÉMIQUES

PENDANT L'ANNÉE 1890

DANS LES VILLES DE FRANCE DE PLUS DE 5.000 HABITANTS.

Les villes, au nombre de 567, sont divisées en cinq groupes :

I. Ville de Paris	1 ville	=	2.260.945	habitants.
II. Villes de 100.000 à 400.000 habitants (1)	11 villes	=	2.004.285	—
III. — de 20.000 à 100.000 —	88 —	=	3.188.974	—
IV. — de 10.000 à 20.000 (19.999) habitants	129 —	=	1.785.284	—
V. — de 5.000 à 10.000 (9.999) —	338 —	=	2.281.772	—
	567 villes	=	11.521.260	habitants.

(1) Dans le groupe des villes de 100.000 habitants se trouve comprise la ville de Reims, bien qu'en réalité la population que lui attribue le recensement de 1886 soit seulement de 97.903 habitants. — La ville qui vient ensuite par ordre décroissant d'importance, en tête du groupe III, est Amiens (79.307 habitants).

SOMMAIRE DE LA DEUXIÈME PARTIE.

Année 1890.

I. — MORTALITÉ GÉNÉRALE

DANS LES VILLES DE PLUS DE 5.000 HABITANTS EN 1890.

Répartition numérique des villes suivant la proportion des décès pour 1.000 habitants.

	VILLES.						
	I. PARIS.	II. 100.000 à 400.000 h.	III. 20.000 à 100.000 h.	IV. 10.000 à 19.999 h.	V. 5.000 à 9.999 h.	TOTAUX.	
Nombre total des villes	1	11	88	129	338	567	
Villes dans lesquelles la proportion a été : de plus de 40 décès par 1.000 h.	-	-	1	3	4	8	9
de 38 décès par 1.000 habitants.	-	-	-	-	1	1	
— 37 — —	-	-	-	2	3	5	21
— 36 — —	-	-	2	1	2	5	
— 35 — —	-	-	-	4	2	6	
— 34 — —	-	1	1	1	2	5	
— 33 — —	-	1	3	4	5	13	42
— 32 — —	-	1	5	3	3	12	
— 31 — —	-	-	6	6	5	17	
— 30 — —	-	-	3	3	13	19	78
— 29 — —	-	1	4	6	15	26	
— 28 — —	-	2	4	8	19	33	
— 27 — —	-	1	7	11	21	40	309
— 26 — —	-	-	11	13	21	45	
— 25 — —	-	2	13	6	18	39	
— 24 — —	1	1	9	14	33	58	
— 23 — —	-	1	5	10	29	45	
— 22 — —	-	-	5	6	31	42	
— 21 — —	-	-	5	10	25	40	
— 20 — —	-	-	2	5	20	27	52
— 19 — —	-	-	1	5	19	25	
— 18 — —	-	-	-	5	13	18	41
— 17 — —	-	-	1	2	9	12	
— 16 — —	-	-	-	1	10	11	
— 15 — —	-	-	-	-	9	9	15
— 41 — —	-	-	-	-	4	4	
— 13 — —	-	-	-	-	1	1	
— 10 — —	-	-	-	-	1	1	
Ensemble	1	11	88	129	338	567	

II et III. — MORTALITÉ GÉNÉRALE

DANS LES VILLES DE FRANCE DE PLUS DE 5.000 HABITANTS (567) EN 1890.

A. — Tableau des cinquante villes dans lesquelles la proportion des décès pour 1.000 habitants a été le plus élevée.

NUMÉROS d'ordre.	GROUPES suivant la population.	VILLES ET DÉPARTEMENTS.	PROPORTION pour 1.000 habitants.	NUMÉROS d'ordre.	GROUPES suivant la population.	VILLES ET DÉPARTEMENTS.	PROPORTION pour 1.000 habitants.
1	V	Nanterre* (Seine)	180,8	26	III	Saint-Nazaire (Loire-Inférieure)	34,6
2	V	Neuilly-sur-Marne* (Seine-et-Oise)	72,0	27	V	Graulhet (Tarn)	34,5
3	IV	Gentilly* (Seine)	56,1	28	II	Marseille* (Bouches-du-Rhône)	34,4
4	V	Clermont* (Oise)	55,6	29	IV	Bailleul* (Nord)	34,4
5	IV	Morlaix* (Finistère)	47,4	30	V	Equeurdreville (Manche)	34,1
6	V	Privas* (Ardèche)	41,1	31	III	Bastia (Corse)	33,9
7	IV	Grand'Combe (La) (Gard)	40,9	32	IV	Halluin (Nord)	33,6
8	IV	Ivry* (Seine)	40,9	33	V	Landerneau (Finistère)	33,5
9	V	Graville-Sainte-Honorine (Seine-Inférieure)	38,1	34	V	Lunel (Hérault)	33,4
10	V	Bruay (Pas-de-Calais)	37,8	35	IV	Laon (Aisne)	33,4
11	V	Carmaux (Tarn)	37,8	36	III	Alais (Gard)	33,4
12	IV	Bourg* (Ain)	37,8	37	IV	Gap (Hautes-Alpes)	33,3
13	IV	Issy* (Seine)	37,4	38	V	Auchel (Pas-de-Calais)	33,3
14	V	Concarneau (Finistère)	37,1	39	II	Rouen (Seine-Inférieure)	33,2
15	III	Saint-Ouen (Seine)	36,7	40	III	Troyes* (Aube)	33,2
16	IV	Rodez* (Aveyron)	36,6	41	IV	Cannes (Alpes-Maritimes)	33,2
17	III	Montpellier* (Hérault)	36,3	42	V	Bergues (Nord)	33,1
18	V	Saint-Pierre-Quilbignon (Finistère)	36,1	43	V	Aubin (Aveyron)	33,1
19	V	Le Vigan (Gard)	36,1	44	III	Brest* (Finistère)	32,8
20	IV	Romans (Drôme)	35,9	45	III	Armentières* (Nord)	32,7
21	IV	Quimper* (Finistère)	35,9	46	V	Roncq (Nord)	32,6
22	IV	Lambézellec (Finistère)	35,6	47	IV	Fougères (Ille-et-Vilaine)	32,4
23	V	Saint-Maurice* (Seine)	35,4	48	III	Elbeuf (Seine-Inférieure)	32,4
24	IV	Le Puy* (Haute-Loire)	35,2	49	II	Le Havre* (Seine-Inférieure)	32,4
25	V	Pontoise (Seine-et-Oise)	35,0	50	V	Corbeil (Seine-et-Oise)	32,3

* Pour les villes marquées d'un astérisque voir ci-après en annexe (page 100) un tableau indiquant les établissements spéciaux qui par le nombre élevé des décès qui s'y produisent sont susceptibles d'exercer une influence plus ou moins grande sur le taux de la mortalité des villes.

B. — Tableau des cinquante villes dans lesquelles la proportion des décès pour 1.000 habitants a été le moins élevée.

NUMÉROS d'ordre.	GROUPES suivant la population.	VILLES ET DÉPARTEMENTS.	PROPORTION pour 1.000 habitants.	NUMÉROS d'ordre.	GROUPES suivant la population.	VILLES ET DÉPARTEMENTS.	PROPORTION pour 1.000 habitants.
(1) 50	V	Chinon (Indre-et-Loire)	18,8	25	V	Vertou (Loire-Inférieure)	16,8
49	IV	Issoudun (Indre)	18,7	24	IV	Maubeuge (Nord)	16,8
48	V	Hirson (Aisne)	18,6	23	V	Auxonne (Côte-d'Or)	16,7
47	V	Ussel (Corrèze)	18,6	22	V	Hasparren (Basses-Pyrénées)	16,6
46	V	Guéret (Creuse)	18,5	21	V	Saint-Maixent (Deux-Sèvres)	16,3
45	V	Vieux-Condé (Nord)	18,4	20	V	Arcachon (Gironde)	16,1
44	V	Guérande (Loire-Inférieure)	18,4	19	V	Coutras (Gironde)	16,1
43	IV	Granville (Manche)	18,4	18	V	Palais (Morbihan)	16,1
42	V	Saint-Gaudens (Haute-Garonne)	18,3	17	V	Coulommiers (Seine-et-Marne)	16,0
41	V	Scaër (Finistère)	18,1	16	V	La Ferté-Macé (Orne)	16,0
40	V	Pertuis (Vaucluse)	18,0	15	V	Plessé (Loire-Inférieure)	15,8
39	V	Terrenoire (Loire)	18,0	14	V	Mézières (Ardennes)	15,8
38	V	Challans (Vendée)	17,9	13	V	Saint-Léonard (Haute-Vienne)	15,7
37	V	Moëlan (Finistère)	17,9	12	V	Longwy (Meurthe-et-Moselle)	15,7
36	V	Blain (Loire-Inférieure)	17,9	11	V	Saint-Pourçain-sur-Sioule (Allier)	15,6
35	V	Saint-Julien-en-Jarret (Loire)	17,9	10	V	Ancenis (Loire-Inférieure)	15,5
34	III	Belfort (Haut-Rhin)	17,9	9	V	Guémené (Loire-Inférieure)	15,3
33	V	Le Raincy (Seine-et-Oise)	17,6	8	V	Caudry (Nord)	15,2
32	V	Fumay (Ardennes)	17,5	7	V	La Teste (Gironde)	15,1
31	V	Mérignac (Gironde)	17,2	6	V	Saint-Rémy (Puy-de-Dôme)	14,9
30	V	Hautmont (Nord)	17,1	5	V	Mourmelon-le-grand (Marne)	14,7
29	V	Bazas (Gironde)	17,0	4	V	Saint-Georges (Charente-Inférieure)	14,4
28	IV	Fontenay-le-Comte (Vendée)	17,0	3	V	Nort (Loire-Inférieure)	14,0
27	IV	Commentry (Allier)	17,0	2	V	Vénissieux (Rhône)	13,7
26	V	Redon (Ille-et-Vilaine)	16,9	1	V	Givet (Ardennes)	10,8

(1) Les numéros de classement correspondant aux villes dans lesquelles la mortalité est de plus en plus faible sont inscrits dans l'ordre décroissant.

IV. — MORTALITÉ PAR DIPHTÉRIE

DANS LES VILLES DE PLUS DE 5.000 HABITANTS EN 1890.

Répartition numérique des villes suivant la proportion des décès pour 10.000 habitants.

		VILLES. I. PARIS.	II. 100.000 à 400.000 h.	III. 20.000 à 100.000 h.	IV. 10.000 à 19.999 h.	V. 5.000 à 9.999 h.	TOTAUX.
Nombre total des villes		1	11	88	129	338	567
A. — Villes ayant fourni des renseignements complets. *Proportion annuelle :*	plus de 50 décès p. 10.000 h.	-	-	-	-	1	1
	de 49 à 30 — —	-	-	-	1	1	2
	— 29 à 20 — —	-	-	-	3	8	11
	— 19 à 15 — —	-	1	3	6	14	24
	— 14 à 10 — —	-	-	5	7	11	23
	— 9 à 5 — —	1	5	28	32	49	114
	— 4 à 2 — —	-	5	29	31	72	136
	1 — —	-	-	14	10	51	75
	au-dessous de 1 —	-	-	2	11	-	13
	néant (aucun décès)	-	-	-	10	69	79
	Ensemble	1	11	81	111	276	480
B. — Villes n'ayant fourni que des renseignements partiels ou incomplets (1). *Proportion annuelle :*	plus de 20 décès p. 10.000 h.	-	-	-	-	1	1
	de 16 à 15 — —	-	-	-	-	2	2
	— 10 à 5 — —	-	-	1	2	5	8
	— 4 à 2 — —	-	-	1	1	6	8
	1 — —	-	-	1	2	7	10
	au-dessous de 1 —	-	-	2	4	-	6
	néant (aucun décès)	-	-	1	2	16	18
	Ensemble	-	-	6	11	37	54
C. — Villes n'ayant fourni aucun renseignement (1)		-	-	1	7	25	33

(1) Voir ci-après (page 44) la liste de ces villes.

V. — MORTALITÉ PAR DIPHTÉRIE

DANS LES VILLES DE 100.000 HABITANTS ET DANS CELLES QUI ONT ÉTÉ PARTICULIÈREMENT ÉPROUVÉES EN 1890.

Répartition des décès par mois.

VILLES.	POPULATION.	TOTAL DES DÉCÈS. Proportion p. 10.000 h.	TOTAL DES DÉCÈS. Nombre absolu.	JANVIER.	FÉVRIER.	MARS.	AVRIL.	MAI.	JUIN.	JUILLET.	AOUT.	SEPTEMBRE.	OCTOBRE.	NOVEMBRE.	DÉCEMBRE.
I. — Paris	2.260.945	7,3	1.668	121	165		176	157	124	135	113	101	112	116	160
II. — Villes de 100.000 à 400.000 habitants.															
Marseille	376.143	17,9	675	20	21	23	33	46	57	61	41	49	100	109	115
Lyon	400.410	9,8	395	26	41	44	44	57	31	33	24	18	13	29	35
Reims	97.903	8,2	81	4	9	10	5	14	3	4	10	4	5	5	8
Lille	186.172	5,5	103	14	9	13	18	6	5	3	3	8	6	4	14
Saint-Étienne	117.875	5,0	58	4	4	4	12	9	2	2	1	1	3	6	10
Bordeaux	237.073	5,0	119	11	18	19	10	10	9	6	10	5	5	5	11
Le Havre	111.267	4,8	54	6	3	9	12	7	6	4	2	1	2	-	2
Rouen	106.495	4,3	47	3	3	7	4	7	1	2	2	4	2	2	10
Nantes	126.056	4,0	50	-	7	5	1	9	8	2	1	3	4	1	9
Roubaix	100.179	2,8	29	-	1	3	1	1	6	8	1	1	-	-	7
Toulouse	144.712	2,7	40	2	3	6	4	4	4	1	2	5	2	2	5
III. — Villes de 20.000 à 100.000 habitants.															
Alais	22.514	19,1	43	5	2	3	4	8	6	3	1	5	1	4	1
Saint-Nazaire	24.330	18,9	46	1	1	12	3	4	8	4	2	-	2	4	5
Tarbes	24.453	15,9	39	2	-	1	-	5	4	5	5	3	1	5	8
Tourcoing	56.986	13,6	78	13	5	7	1	2	1	1	-	4	10	16	18
Grenoble	51.017	12,9	66	10	11	7	14	7	6	4	2	-	3	1	1
Montreuil-sous-bois	21.127	12,7	27	5	5	5	5	2	2	-	1	1	-	1	-
Cette	36.902	11,1	41	1	2	7	3	2	10	4	3	2	1	3	3
Avignon	41.007	10,2	42	3	2	2	3	5	4	3	5	5	6	1	3
IV. — Villes de 10.000 à 19.999 habitants.															
Douarnenez (Finistère)	10.923	41,2	45	1	1	-	2	1	3	2	6	5	5	9	10
Denain (Nord)	17.807	22,4	40	3	4	2	4	7	3	2	-	-	4	5	6
Gap (Hautes-Alpes)	11.542	21,6	25	2	-	-	-	3	1	4	7	3	2	-	3
Bergerac (Dordogne)	14.353	20,1	29	1	-	2	2	2	-	2	1	7	1	6	5
Issy (Seine)	11.862	19,3	23	1	2	1	2	-	4	5	2	2	1	1	2
Charenton (Seine)	12.452	19,1	24	4	5	4	3	1	3	1	1	-	1	1	-
Gentilly (Seine)	13.913	18,0	25	3	2	9	3	-	1	-	-	1	-	1	5
Sedan (Ardennes)	19.015	17,8	34	2	4	6	4	2	3	1	1	2	5	2	2
Charleville (Ardennes)	16.690	17,3	29	1	2	2	3	1	1	1	5	1	3	5	4
Soissons (Aisne)	11.789	15,2	18	-	5	2	-	-	-	1	2	-	2	1	5
Lisieux (Calvados)	16.054	14,3	23	3	1	3	2	1	2	1	1	2	5	1	1
V. — Villes de 5.000 à 9.999 habitants.															
Graulhet (Tarn)	6.924	59,2	41	27	10	2	1	-	-	-	-	-	1	-	-
Vieux-Condé (Nord)	6.568	31,9	21	3	1	1	5	5	-	2	1	2	1	-	-
Portel (Pas-de-Calais)	5.392	27,8	15	-	-	-	1	1	1	-	1	9	1	1	-
Menton (Alpes-Maritimes)	9.387	26,6	25	-	3	2	4	2	4	1	-	2	2	3	2
Briançon (Basses-Alpes)	5.777	24,2	14	2	2	-	6	1	3	-	-	-	-	-	-
Charlieu (Loire)	5.351	24,2	13	1	-	2	2	1	2	-	-	1	1	-	3
Ay (Marne)	6.075	23,0	14	2	1	1	3	1	-	-	1	2	2	-	1
Comines (Nord)	7.035	22,7	16	1	1	2	2	-	-	-	4	3	1	1	1
Merville (Nord)	7.255	20,7	15	-	-	-	-	4	-	-	-	1	1	6	3
Mamers (Sarthe)	6.478	20,0	13	1	2	-	4	1	1	1	-	-	-	2	1
Concarneau (Finistère)	5.684	19,3	11	-	1	1	5	2	1	-	1	-	-	-	-
Fresnes (Nord)	6.698	19,3	13	-	-	1	1	5	1	-	-	2	1	-	2
Rivesaltes (Pyrénées-Orientales	6.235	19,2	12	1	1	1	2	-	1	1	-	2	2	-	1
Caudry (Nord)	7.389	18,9	14	-	-	-	-	4	1	-	1	3	2	1	2

VI. — MORTALITÉ PAR FIÈVRE TYPHOIDE

DANS LES VILLES DE PLUS DE 5.000 HABITANTS EN 1890.

Répartition numérique des villes suivant la proportion des décès pour 10.000 habitants.

		VILLES.					
		I. PARIS.	II. 100.000 à 400.000 h.	III. 20.000 à 100.000 h.	IV. 10.000 à 19.999 h.	V. 5.000 à 9.999 h.	TOTAUX.
Nombre total des villes		1	11	88	129	338	567
A.— Villes ayant fourni des renseignements complets. — *Proportion annuelle :*	de 40 à 30 décès p. 10.000 h.	-	-	-	-	2	2
	— 29 à 20 — —	-	-	1	3	1	5
	— 19 à 15 — —	-	-	-	2	5	7
	— 14 à 10 — —	-	1	4	11	18	34
	— 9 à 5 — —	-	5	28	30	46	111
	— 4 à 2 — —	1	5	39	38	90	173
	— 1 et au-dessous —	-	-	9	21	70	100
	néant (aucun décès)	-	-	-	6	44	50
	Ensemble	1	11	81	111	276	480
B.—Villes n'ayant fourni que des renseignements partiels ou incomplets. — *Proportion annuelle :*	de 19 à 15 décès p. 10.000 h.	-	-	-	2	-	2
	— 14 à 10 — —	-	-	-	-	1	1
	— 9 à 5 — —	-	-	3	-	4	7
	— 4 à 2 — —	-	-	1	3	7	11
	— 1 et au-dessous —	-	-	2	2	10	14
	néant (aucun décès)	-	-	-	4	15	19
	Ensemble	-	-	6	11	37	54
C.— Villes n'ayant fourni aucun renseignement		-	-	1	7	25	33

VII. — MORTALITÉ PAR FIÈVRE TYPHOIDE

DANS LES VILLES DE 100.000 HABITANTS

ET DANS CELLES QUI ONT ÉTÉ PARTICULIÈREMENT ÉPROUVÉES EN 1890.

Répartition des décès par mois.

VILLES.	POPULATION.	TOTAL DES DÉCÈS. PROPORTION p. 10.000 h.	TOTAL DES DÉCÈS. NOMBRE ABSOLU.	JANVIER.	FÉVRIER.	MARS.	AVRIL.	MAI.	JUIN.	JUILLET.	AOUT.	SEPTEMBRE.	OCTOBRE.	NOVEMBRE.	DÉCEMBRE.
I. — Paris	2.260.945	2,9	656	67	36	40	43	49	49	37	50	70	88	64	62
II. — Villes de 100.000 à 400.000 habitants.															
Le Havre	111.267	10,1	113	2	3	8	9	8	8	9	17	14	15	9	11
Rouen	106.495	9,5	102	9	4	9	7	7	6	4	12	4	7	15	18
Marseille	376.143	8,3	313	19	11	13	24	19	42	25	43	35	29	36	17
Toulouse	144.712	7,4	108	8	7	8	7	4	4	8	10	16	15	17	4
Nantes	126.056	7,1	90	9	4	7	7	7	2	8	13	9	6	12	6
Bordeaux	237.073	5,0	119	8	4	7	6	8	4	7	4	18	14	17	22
Roubaix	100.179	3,5	36	2	5	3	-	3	3	3	3	-	5	6	3
Saint-Étienne	117.875	3,3	40	3	-	-	1	3	3	2	2	10	9	2	5
Reims	97.903	2,8	28	4	4	2	-	1	1	1	3	2	2	6	2
Lyon	400.410	2,5	101	5	7	7	2	8	6	10	11	12	19	7	7
Lille	186.172	2,5	48	2	-	4	3	2	5	4	2	4	7	9	6
III. — Villes de 20.000 à 100.000 habitants.															
Lorient	39.600	25,5	101	14	16	22	16	4	1	4	10	2	4	4	6
Narbonne	28.378	11,6	33	-	1	4	1	3	4	1	8	3	4	4	4
Toulon	70.054	11,5	81	6	1	6	5	3	5	5	11	10	8	10	11
Cherbourg	37.013	11,3	42	3	3	4	1	6	7	3	4	1	2	5	3
Bastia	20.328	11,2	23	2	4	1	2	-	2	-	1	1	3	4	3
Béziers	42.844	9,8	42	5	-	-	-	4	3	4	8	7	3	5	4
Lunéville	20.603	9,7	20	5	3	1	-	-	1	2	1	2	-	1	2
Tarbes	24.453	9,7	24	1	3	-	1	2	1	2	6	1	5	-	1
Castres	27.273	9,5	26	4	4	2	3	2	1	-	1	4	1	3	11
Nîmes	69.898	9,3	65	3	5	2	3	4	7	3	4	12	12	7	3
Vannes	20.036	9,0	18	3	3	1	1	1	1	1	2	1	2	-	2
Perpignan	34.183	8,4	29	2	-	2	1	5	1	3	1	4	3	2	5
Carcassonne	26.383	8,3	22	3	-	2	-	1	4	3	3	2	2	-	2
Niort	22.509	8,0	18	1	2	1	-	-	1	4	1	1	6	1	-
Rochefort	31.169	8,0	25	2	1	1	-	1	-	4	6	1	3	2	4
IV. — Villes de 10.000 à 19.999 habitants.															
Millau (Aveyron)	15.851	26.4	42	-	2	-	1	-	1	-	1	2	3	2	30
Douarnenez (Finistère)	10.923	21,0	23	-	-	-	1	-	5	5	2	3	-	3	4
Brive (Corrèze)	13.445	20,0	27	2	2	2	8	3	3	1	1	2	1	1	1
Ajaccio (Corse)	17.503	16,5	29	2	7	-	1	5	1	1	4	-	2	2	4
Saint-Mandé (Seine)	10.492	16,1	17	1	1	3	1	1	2	2	2	1	-	1	2
Hazebrouck (Nord)	10.773	14,8	16	1	-	-	3	7	1	-	1	-	1	1	1
Beauvais (Oise)	18.301	13,1	24	-	3	2	2	1	1	5	-	4	-	1	5
Plœmeur (Morbihan)	11.845	12,6	15	4	1	2	2	-	-	2	3	-	-	-	1
Rodez (Aveyron)	11.929	12,5	15	2	-	1	1	-	2	1	-	2	3	2	1
Gap (Hautes-Alpes)	11.542	12,1	14	-	1	-	-	-	-	2	-	4	5	1	1
Charenton (Seine)	12.452	12,0	15	2	2	4	1	-	-	-	1	1	1	1	2
V. — Villes de 5.000 à 9.999 habitants.															
L'Isle (Vaucluse)	6.317	37,9	24	3	1	4	2	2	1	3	3	1	2	1	1
Auxonne (Côte-d'or)	7.164	37,7	27	-	-	-	-	-	-	-	-	-	-	8	19
Saint-Affrique (Aveyron)	7.177	20,8	15	1	-	-	-	-	-	-	-	2	2	6	4
Corte (Corse)	5.002	19,9	10	1	2	3	3	1	-	-	-	-	-	-	-
Vendôme (Loir-et-Cher)[1]	9.325	18,2	17	3	2	7	-	-	-	-	1	1	2	-	1
Saint-Nicolas (Meurthe-et-Moselle)	5.544	18,1	10	-	-	-	-	2	1	1	2	3	-	1	-
Les Andelys (Eure)	5.423	16,5	9	2	1	3	-	-	-	1	-	-	-	-	2
Nanterre (Seine)	5.592	16,1	9	-	-	2	3	-	-	1	-	3	-	-	-

VIII. — MORTALITÉ PAR VARIOLE

DANS LES VILLES DE PLUS DE 5.000 HABITANTS EN 1890.

Répartition numérique des villes suivant la proportion des décès pour 10.000 habitants.

		VILLES.					
		I. PARIS.	II. 100.000 à 400.000 h.	III. 20.000 à 100.000 h.	IV. 10.000 à 19.999 h.	V. 5.000 à 9.999 h.	TOTAUX.
Nombre total des villes		1	11	88	129	338	567
A. — Villes ayant fourni des renseignements complets. — *Proportion annuelle :*	de 60 décès p. 10.000 h.	-	-	-	1	-	1
	— 50 à 45 — —	-	-	-	-	1	1
	— 35 à 30 — —	-	-	-	-	1	1
	— 30 à 25 — —	-	-	-	-	1	1
	— 25 à 20 — —	-	-	-	1	1	2
	— 19 à 15 — —	-	1	1	-	3	5
	— 14 à 10 — —	-	1	-	-	2	3
	— 9 à 5 — —	-	-	-	4	7	11
	— 4 à 2 — —	1	-	7	4	14	26
	1 — —	-	-	8	5	16	29
	au-dessous de 1 —	-	8	21	14	-	43
	néant (aucun décès)	-	1	44	82	230	357
	ENSEMBLE	1	11	81	111	276	480
B. — Villes n'ayant fourni que des renseignements partiels ou incomplets. — *Proportion annuelle :*	plus de 10 décès p. 10.000 h.	-	-	-	-	1	1
	de 6 à 7 — —	-	-	-	1	1	2
	— 2 à 3 — —	-	-	-	1	1	2
	au-dessous de 2 —	-	-	2	-	4	6
	néant (aucun décès)	-	-	4	9	30	43
	ENSEMBLE	-	-	6	11	37	54
C. — Villes n'ayant fourni aucun renseignement		-	-	1	7	25	33

IX. — MORTALITÉ PAR VARIOLE

DANS LES VILLES LES PLUS ÉPROUVÉES EN 1890.

Répartition des décès par mois.

VILLES.	POPULATION.	TOTAL DES DÉCÈS. Proportion p. 10.000 h.	TOTAL DES DÉCÈS. Nombre absolu.	JANVIER.	FÉVRIER.	MARS.	AVRIL.	MAI.	JUIN.	JUILLET.	AOUT.	SEPTEMBRE.	OCTOBRE.	NOVEMBRE.	DÉCEMBRE.
I. — Paris	2.260.945	3,3	76	9	6	9	13	7	4	4	7	7	-	2	8
II. — *Villes de 100.000 à 400.000 habitants.*															
Saint-Étienne	117.875	16,1	190	17	17	23	44	42	13	6	6	3	6	5	8
Marseille	376.143	14,6	549	40	41	40	58	35	32	37	43	55	22	62	84
III. — *Villes de 20.000 à 100.000 habitants.*															
Aix (Bouches-du-Rhône)	29.057	15,4	45	9	6	8	11	6	3	1	1	-	-	-	-
Béziers	42.844	4,6	20	3	1	2	-	1	-	4	4	1	4	-	-
Valence	24.631	4,4	11	4	2	3	1	-	1	-	-	-	-	-	-
Montpellier	56.724	4,2	24	1	-	-	-	-	2	3	1	-	1	6	10
IV. — *Villes de 10.000 à 19.999 habitants.*															
La Ciotat (Bouches-du-Rhône)	10.689	60,8	65	-	-	-	1	1	3	10	17	16	13	3	1
Le Puy (Haute-Loire)	18.870	29,6	56	-	-	-	-	1	2	6	10	15	9	3	10
Brive (Corrèze)	13.445	9,6	13	-	1	6	6	-	-	-	-	-	-	-	-
Commentry (Allier)	12.338	8,8	11	1	2	3	1	3	-	-	1	-	-	-	-
Millau (Aveyron)	15.851	6,2	10	-	-	-	-	-	-	-	-	-	10	-	-
Ploërmel (Morbihan)	11.845	5,0	6	3	-	-	-	-	1	-	-	2	-	-	-
V. — *Villes de 5.000 à 9.999 habitants.*															
Digne (Basses-Alpes)	7.083	49,4	35	-	-	-	-	-	-	-	-	2	9	10	14
Châteaurenard (Bouches-du-Rhône)	5.934	33,7	20	-	-	1	2	6	3	5	2	-	1	-	-
Mirecourt (Vosges)	5.455	29,3	16	4	4	4	1	-	-	-	-	1	2	-	-
Lézignan (Aude)	6.569	21,3	14	2	5	4	3	-	-	-		-	-	-	-
Menton (Alpes-Maritimes)	9.387	19,1	18	2	3	3	3	6	1	-	-	-	-	-	-
Trélazé (Maine-et-Loire)	5.944	16,8	10	-	-	-	5	4	1	-	-	-	-	-	-
Hasparren (Basses-Pyrénées)	5.882	15,3	9	-	1	2	2	2	2	-	-	-	-	-	-
Castelnaudary (Aude)	8.906	12,3	11	2	-	3	-	1	-	-	-	-	-	-	1
L'Isle (Vaucluse)	6.317	11,0	7	2	-	-	-	1	-	-	-	2	-	2	-
Cavaillon (Vaucluse)	9.144	9,8	9	-	-	-	1	2	4	-	-	-	-	-	2
Pontivy (Morbihan)	9.466	8,4	8	-	3	-	-	1	1	2	-	1	-	-	-
Lunel (Hérault)	6.607	7,5	5	-	-	-	1	1	1	1	1	-	-	-	-

X. — MORTALITÉ PAR ROUGEOLE

DANS LES VILLES DE PLUS DE 5.000 HABITANTS EN 1890.

Répartition numérique des villes suivant la proportion des décès pour 10.000 habitants.

		VILLES.					
		I. PARIS.	II. 100.000 à 400.000 h.	III. 20.000 à 100.000 h.	IV. 10.000 à 19.999 h.	V 5.000 à 9.999 h.	TOTAUX.
Nombre total des villes		1	11	88	129	338	567
A. — Villes ayant fourni des renseignements complets. — *Proportion annuelle :*	plus de 120 décès p. 10.000 h.	-	-	-	-	1	1
	de 100 à 90 — —	-	-	-	-	1	1
	— 80 à 70 — —	-	-	-	-	4	4
	— 69 à 50 — —	-	-	-	1	2	3
	— 49 à 30 — —	-	-	-	3	8	11
	— 29 à 20 — —	-	-	6	2	13	21
	— 19 à 15 — —	-	1	7	4	7	19
	— 14 à 10 — —	-	-	13	5	12	30
	— 9 à 5 — —	1	6	18	12	31	68
	— 4 à 2 — —	-	1	15	27	40	83
	1 — —	-	3	9	7	35	54
	au-dessous de 1 —	-	-	5	9	-	14
	néant (aucun décès)	-	-	8	41	122	171
	ENSEMBLE	1	11	81	111	276	480
B. — Villes n'ayant fourni que des renseignements partiels ou incomplets. — *Proportion annuelle :*	plus de 60 décès p. 10.000 h.	-	-	-	-	1	1
	de 59 à 20 — —	-	-	-	-	3	3
	— 19 à 10 — —	-	-	1	1	6	8
	— 9 à 8 — —	-	-	-	2	-	2
	— 5 à 2 — —	-	-	2	2	2	6
	1 — —	-	-	1	-	3	4
	au-dessous de 1 —	-	-	2	-	-	2
	néant (aucun décès)	-	-	-	6	22	28
	ENSEMBLE	-	-	6	11	37	54
C. — Villes n'ayant fourni aucun renseignement.		-	-	1	7	25	33

XI. — MORTALITÉ PAR ROUGEOLE

DANS LES VILLES LES PLUS ÉPROUVÉES EN 1890.

Répartition des décès par mois.

VILLES.	POPULATION.	TOTAL DES DÉCÈS. PROPORTION p. 10.000 h.	NOMBRE ABSOLU.	JANVIER.	FÉVRIER.	MARS.	AVRIL.	MAI.	JUIN.	JUILLET.	AOUT.	SEPTEMBRE.	OCTOBRE.	NOVEMBRE.	DÉCEMBRE.
I. — Paris	2.260.945	6,6	1.495	51	86	152	181	228	268	225	86	58	41	53	66
II. — *Villes de 100.000 à 400.000 habitants.*															
Le Havre	111.267	15,1	168	-	-	9	75	53	20	7	3	1	-	-	-
Roubaix	100.179	8,9	90	-	-	1	-	-	3	10	4	7	5	28	32
Marseille	376.143	7,8	295	10	5	7	19	41	66	68	40	13	8	7	11
Reims	97.903	6,8	67	16	4	6	5	16	10	4	4	2	-	-	-
Toulouse	144.712	5,6	82	30	9	15	13	3	-	3	2	4	1	2	-
Nantes	128.056	5,5	70	-	-	-	-	-	-	-	1	3	9	13	44
Lille	186.172	5,3	100	8	6	-	-	-	-	1	2	1	4	18	60
Bordeaux	237.073	2,6	63	5	9	12	16	11	5	1	1	2	1	-	-
Lyon	400.410	1,7	68	15	7	10	9	5	7	2	6	4	1	1	1
Rouen	106.495	1,4	15	-	-	-	-	1	2	-	2	8	1	-	1
III. — *Villes de 20.000 à 100.000 habitants.*															
Saint-Nazaire	24.330	26,7	65	-	-	-		1	-	7	21	26	5	2	3
Lorient	39.600	26,2	104	-	-	-	-	19	43	27	7	6	2	-	-
Boulogne-sur-mer	45.074	25,9	117	-	-	-	-	-	-	-	12	20	60	20	5
Béziers	42.844	21,4	92	-	-	-	1	-	-	1	10	30	20	21	9
Montpellier	56.724	20,9	119	-	-	2	16	46	44	9	-	-	2	-	-
Cherbourg	37.013	20,8	77	-	2	1	13	48	9	4	-	-	-	-	-
Rochefort	31.169	18,2	57	3	3	24	9	9	4	-	4	1	-	-	-
Saint-Ouen	20.812	18,2	38	1	1	-	3	7	9	8	8	1	-	-	-
Brest	70.778	18,0	128	-	-	-	-	-	6	41	27	15	23	12	4
Angoulême	34.367	18,0	62	-	-	-	-	24	16	10	11	-	1	-	-
Périgueux	29.095	17,1	50	-	-	-	-	13	23	8	4	1	-	-	1
Grenoble	51.017	16,8	86	-	-	-	2	20	40	16	4	1	-	-	3
IV. — *Villes de 10.000 à 19.999 habitants.*															
Douarnenez (Finistère)	10.923	65,9	72	-	-	-	-	-	-	-	-	-	-	7	65
Lambézellec (Finistère)	15.664	34,4	54	-	-	-	-	5	12	4	17	6	7	1	2
Gap (Hautes-Alpes)	11.542	33,9	39	4	4	-	-	26	5	-	-	-	-	-	-
Halluin (Nord)	14.596	31,5	46	-	-	-	-	-	-	-	-	-	-	1	45
Brive (Corrèze)	13.445	25,2	34	-	1	7	11	7	1	3	-	1	3	-	-
Ajaccio (Corse)	17.503	24,0	42	-	-	-	-	-	-	-	-	2	1	20	19
Liévin (Pas-de-Calais)	10.713	18,6	20	-	-	-	-	10	10	-	-	-	-	-	-
Rodez (Aveyron.)	11.929	18,4	22	-	-	-	1	18	3	-	-	-	-	-	-
Millau (Aveyron)	15.851	16,4	26	-	-	-	-	-	-	-	2	7	-	15	2
Bergerac (Dordogne)	14.353	16,0	23	-	-	-	-	-	1	-	-	-	-	-	22
V. — *Villes de 5.000 à 9.999 habitants.*															
Riantec (Morbihan)	5.500	127,2	70	-	-	-	3	45	21	1	-	-	-	-	-
Carmaux (Tarn)	8.059	96,7	78	-	-	-	-	-	4	49	16	6	3	-	-
Bergues (Nord)	5.435	77,3	42	-	-	-	-	34	8	-	-	-	-	-	-
Portel (Pas-de-Calais)	5.392	76,0	41	-	-	-	-	-	-	-	1	-	8	27	5
Bruay (Nord)	7.031	73,9	52	-	-	-	-	-	4	22	19	5	-	2	-
Mèze (Hérault)	5.807	70,5	41	-	-	-	-	-	-	34	7	-	-	-	-
Auchel (Pas-de-Calais)	5.359	65,2	35	-	-	-	-	1	12	18	4	-	-	-	-
Concarneau (Finistère)	5.684	54,5	31	-	-	-	-	-	-	-	-	-	10	18	3
Lunel (Hérault)	6.607	48,4	32	-	-	-	-	-	-	-	-	-	13	19	-
Quimperlé (Finistère)	7.156	41,8	30	-	-	-	-	-	-	10	16	4	-	-	-
Equeurdreville (Manche)	5.035	41,6	21	-	-	-	-	-	-	7	10	1	-	-	3
Briançon (Hautes-Alpes)	5.777	41,5	24	-	-	-	3	6	9	6	-	-	-	-	-
Guipavas (Finistère)	7.247	37,2	27	-	-	-	-	-	-	2	5	10	4	6	-
St-Laurent-de-la-Salanque (Pyrénées-Orientales)	5.476	36,5	20	1	2	8	6	-	-	2	1	-	-	-	-
Aubagne (Bouches-du-Rhône)	8.239	32,7	27	-	-	19	7	6	-	-	-	-	-	-	-
Revel (Haute-Garonne)	5.529	30,7	17	-	-	2	13	1	1	-	-	-	-	-	-

XII. — MORTALITÉ PAR SCARLATINE

DANS LES VILLES DE PLUS DE 5.000 HABITANTS EN 1890.

Répartition numérique des villes suivant la proportion des décès pour 10.000 habitants.

		VILLES.					
		I. PARIS.	II. 100.000 à 400.000 h.	III. 20.000 à 100.000 h.	IV. 10.000 à 19.999 h.	V. 5.000 à 9.999 h.	TOTAUX.
Nombre total des villes		1	11	88	129	338	567
A. — Villes ayant fourni des renseignements complets. — *Proportion annuelle :*	de 17 à 11 décès p. 10.000 h.	-	-	-	-	4	4
	— 8 à 5 —	-	-	3	2	5	10
	— 4 à 2 —	-	-	3	4	21	28
	1 —	-	-	8	13	49	70
	au-dessous de 1 —	1	10	38	26	-	75
	néant (aucun décès)	-	1	29	66	197	293
	Ensemble	1	11	81	111	276	480
B. — Villes n'ayant fourni que des renseignements partiels ou incomplets. — *Proportion annuelle :*	de 3 décès p. 10.000 h.	-	-	-	-	1	1
	— 1 —	-	-	-	1	5	6
	au-dessous de 1	-	-	1	-	-	1
	néant (aucun décès)	-	-	5	10	31	46
	Ensemble	-	-	6	11	37	54
C. — Villes n'ayant fourni aucun renseignement		-	-	1	7	25	33

XIII. — MORTALITÉ PAR SCARLATINE

DANS LES VILLES LES PLUS ÉPROUVÉES EN 1890.

Répartition des décès par mois.

VILLES.	POPULATION.	TOTAL DES DÉCÈS. Proportion p.10.000 h.	TOTAL DES DÉCÈS. Nombre absolu.	JANVIER.	FÉVRIER.	MARS.	AVRIL.	MAI.	JUIN.	JUILLET.	AOUT.	SEPTEMBRE.	OCTOBRE.	NOVEMBRE.	DÉCEMBRE.
I. — Paris	2.260.945	0,9	223	12	6	30	27	26	27	24	21	10	12	15	13
II. — *Villes de 100.000 à 400.000 habitants.*															
Roubaix	100.179	0.9	10	1	1	-	-	-	1	4	-	-	-	2	1
Reims	97.903	0,4	4	-	1	2	1	-	-	-	-	-	-	-	-
Le Havre	111.267	0,4	5	1	-	-	1	-	-	-	2	1	-	-	-
Lyon	400.410	0,4	18	1	1	2	2	3	3	3	1	-	-	-	2
Bordeaux	237.073	0,3	9	1	-	1	2	-	1	1	-	-	1	2	-
III. — *Villes de 20.000 à 100.000 habitants.*															
Le Creusot	26.803	8,2	22	4	2	-	1	6	2	4	1	-	1	1	-
Bastia	20.328	5,8	12	-	-	-	-	1	2	1	1	1	2	1	3
Aubervilliers	21.862	3,6	8	-	-	1	1	1	-	2	3	-	-	-	-
Rochefort	31.169	3,2	10	2	-	5	2	-	-	-	1	-	-	-	-
Castres	27.273	2,9	8	3	-	-	1	1	-	1	2	-	-	-	-
Laval	30.211	2,6	8	-	1	-	-	-	-	-	1	-	-	6	-
Besançon	56.303	1,9	11	-	-	1	1	2	-	3	1	3	-	-	-
IV. — *Villes de 10.000 à 19.999 habitants.*															
Brive (Corrèze)	13.445	5,2	7	1	-	2	1	-	-	1	1	1	-	-	-
Cahors (Lot)	15.662	5,0	8	-	-	-	-	-	-	2	1	1	2	-	2
Gap (Hautes-Alpes)	11.542	3,4	4	-	4	-	-	-	-	-	-	-	-	-	-
Wattrelos (Nord)	17.183	3,4	6	-	-	-	-	1	-	1	2	-	-	1	1
Montceau-les-mines (Saône-et-Loire)	15.235	3,2	5	2	-	1	-	-	-	-	1	-	-	1	-
Cannes (Alpes-maritimes)	19.209	2,6	5	-	-	-	1	-	1	2	-	-	1	-	-
V. — *Villes de 5.000 à 9.999 habitants.*															
Apt (Vaucluse)	5.743	17,4	10	-	-	-	-	1	-	2	4	2	1	-	-
Plérin (Côtes-du-Nord)	5.466	14,6	8	-	4	1	-	1	-	-	-	-	1	-	1
Somain (Nord)	5.796	13,7	8	-	-	-	-	-	-	5	2	-	-	-	1
L'Isle (Vaucluse)	6.317	11,0	7	1	-	-	-	1	-	2	1	-	-	2	-

XIV. — MORTALITÉ PAR COQUELUCHE

DANS LES VILLES DE PLUS DE 5.000 HABITANTS EN 1890.

Répartition numérique des villes suivant la proportion des décès pour 10.000 habitants.

		VILLES					
		I. PARIS.	II. 100.000 à 400.000 h.	III. 20.000 à 100.000 h.	IV. 10.000 à 19.999 h.	V. 5.000 à 9.999 h.	TOTAUX.
Nomdre total des villes		1	11	88	129	338	567
A. — Villes ayant fourni des renseignements complets. — *Proportion annuelle :*	de 49 à 30 décès p. 10.000 h.	-	-	-	-	3	3
	— 19 à 15 — —	-	-	-	1	4	5
	— 14 à 10 — —	-	-	1	2	13	16
	— 9 à 5 — —	-	1	9	8	29	27
	— 4 à 2 — —	1	4	18	20	44	87
	— 1 — —	-	3	20	11	53	87
	au-dessous de 1 —	-	3	15	21	-	39
	néant	-	-	18	48	130	196
	Ensemble	1	11	81	111	276	480
B. — Villes n'ayant fourni que des renseignements partiels ou incomplets. — *Proportion annuelle :*	plus de 20 décès p. 10.000 h.	-	-	-	-	2	2
	de 16 à 13 — —	-	-	-	-	3	3
	— 9 à 5 — —	-	-	-	1	4	5
	— 4 à 2 — —	-	-	-	-	2	2
	— 1 — —	-	-	1	1	5	7
	au-dessous de 1 —	-	-	2	-	-	2
	néant	-	-	3	9	21	33
	Ensemble	-	-	6	11	37	54
C. — Villes n'ayant fourni aucun renseignement		-	-	1	7	25	33

XV. — MORTALITÉ PAR COQUELUCHE

DANS LES VILLES LES PLUS ÉPROUVÉES EN 1890.

Répartition des décès par mois.

VILLES.	POPULATION.	TOTAL DES DÉCÈS. Proportion p. 10.000 h.	TOTAL DES DÉCÈS. Nombre absolu.	JANVIER.	FÉVRIER.	MARS.	AVRIL.	MAI.	JUIN.	JUILLET.	AOUT.	SEPTEMBRE.	OCTOBRE.	NOVEMBRE.	DÉCEMBRE.
I. — Paris	2.260.945	2,1	491	67	76	63	37	29	51	28	36	36	28	17	23
II. — Villes de 100.000 à 400.000 habitants.															
Roubaix	100.179	5,8	59	4	5	2	6	3	4	3	5	7	10	5	5
Reims	97.903	4,9	49	8	18	8	3	5	-	-	4	2	-	-	1
Lille	186.172	3,4	64	11	2	6	3	5	4	4	7	9	3	3	7
Le Havre	111.267	3,3	37	-	-	1	7	5	4	2	4	9	4	1	-
Saint-Étienne	117.875	2,0	24	2	5	2	1	2	3	4	3	2	-	-	-
Bordeaux	237.073	1,2	30	-	1	-	1	5	6	1	5	5	3	1	2
Nantes	126.056	1,1	15	1	1	-	-	-	1	2	-	3	1	-	6
Marseille	376.143	1,1	43	-	9	7	-	4	6	7	3	1	2	1	3
Lyon	400.140	0,9	36	1	1	1	3	1	-	6	4	10	5	-	4
III. — Villes de 20.000 à 100.000 habitants.															
Armentières	27.985	11,4	32	11	2	5	1	2	2	4	3	1	-	-	1
Saint-Ouen	20.812	9,1	19	1	2	4	3	1	1	2	-	3	1	1	-
Douai	29.577	8,4	25	4	2	3	1	4	3	1	1	2	2	1	1
Bastia	20.328	7,8	16	-	-	1	1	-	-	-	-	-	-	13	1
Saint-Quentin	47.002	7,6	36	2	1	6	8	4	3	3	6	-	-	3	-
Ivry	20.756	7,6	16	3	5	1	1	1	1	-	2	1	-	1	-
Aix (Bouches-du-Rhône)	29.057	7,2	21	5	1	-	-	-	-	-	-	2	2	5	6
Clichy	26.002	6,8	18	3	2	1	-	5	1	5	-	-	-	-	1
Castres	27.273	6,5	18	-	3	-	2	2	3	-	3	3	1	-	1
Béziers	42.844	5,1	22	1	7	3	5	1	1	1	2	-	1	-	-
Tourcoing	56.986	4,5	26	-	1	-	2	3	5	1	-	2	4	3	5
IV. — Villes de 10.000 à 19.999 habitants.															
Brive (Corrèze)	13.445	19,3	26	2	2	2	7	4	1	2	2	1	1	1	1
Gap (Hautes-Alpes)	11.542	14,7	17	6	-	-	-	8	-	1	-	2	-	-	-
Douarnenez (Finistère)	10.923	12,8	14	-	1	2	1	5	2	1	-	1	-	-	1
Fougères (Ille-et-Vilaine)	15.578	9,6	15	-	2	-	1	-	4	1	2	-	1	-	4
Halluin (Nord)	14.596	7,5	11	-	-	-	-	1	3	3	2	-	2	-	-
Liévin (Pas-de-Calais)	10.713	7,4	8	-	-	-	2	2	-	1	1	-	2	-	-
Fourmies (Nord)	14.653	6,8	10	-	2	1	-	-	1	2	-	2	1	1	-
Le Puy (Haute-Loire)	18.870	6,8	13	-	-	1	2	5	5	-	-	2	-	-	-
V. — Villes de 5.000 à 9.999 habitants.															
Izieux (Loire)	6.181	48.5	30	-	1	1	2	1	2	-	5	9	3	3	3
Corte (Corse)	5.002	43,9	22	1	-	6	3	4	2	1	2	-	-	2	1
Panissières (Loire)	5.044	33,6	17	-	1	-	2	3	1	4	2	1	1	2	-
Saint-Georges (Charente-inférieure)	5.060	19,7	10	-	1	-	3	-	-	-	-	2	1	-	3
Plérin (Côtes-du-Nord)	5.466	18,2	10	2	1	1	1	3	2	-	-	-	-	-	-
Guémené (Loire-inférieure)	6.766	17,7	12	-	-	2	1	1	2	1	-	-	-	3	2
La Ricamarie (Loire)	6.330	15,7	10	2	1	1	1	-	-	-	1	1	-	1	12
Lillebonne (Seine-Inférieure)	6.789	14,7	10	-	5	1	2	2	-	-	-	-	-	-	-
Equeurdreville (Manche)	5.035	13,8	7	-	1	-	-	-	-	1	4	1	-	-	-
Figeac (Lot)	7.396	13,6	10	1	-	3	-	-	-	2	2	2	-	-	-
Carmaux (Tarn)	8.059	13,6	11	-	-	-	-	-	-	-	6	5	-	-	-
Guipavas (Finistère)	7.247	12,4	9	-	-	1	-	-	-	2	1	1	2	2	-

XVI. — TABLEAU DE LA MORTALITÉ GÉNÉRALE PAR MOIS, DE DÉCEMBRE 1889 A MAI 1890 DANS LES VILLES DE PLUS DE 30.000 HABITANTS.

FAISANT RESSORTIR L'AUGMENTATION DU NOMBRE DES DÉCÈS OCCASIONNÉS PAR L'ÉPIDÉMIE DE GRIPPE.

Les villes sont rangées dans l'ordre décroissant de population (Recensement de 1886).

Nos d'ordre.	NOMS DES VILLES.	POPULATION.	1889. DÉCEMBRE.	1890. JANVIER.	1890. FÉVRIER.	1890. MARS.	1890. AVRIL.	1890. MAI.	TOTAUX pour la période de six mois.	PROPORTION pour 1.000 habitants.	NUMÉRO de classement d'après la proportion des décès.
1	Paris	2.260.945	7.437	7.147	4.876	5.265	4.769	4.610	34.104	15,0	28
2	Lyon	400.410	963	1.468	840	1.029	820	761	5.900	14,8	31
3	Marseille	376.143	1.070	1.812	1.107	1.145	862	884	6.880	18,2	7
4	Bordeaux	237.078	598	724	548	531	423	411	3.135	13,2	45
5	Lille	188.172	440	704	401	440	390	309	2.744	14,7	34
6	Toulouse	144.712	408	633	342	401	301	299	2.380	16,4	19
7	Nantes	126.056	251	377	280	291	238	242	1.688	13,3	42
8	Saint-Étienne	117.875	314	490	298	313	273	262	1.950	16,5	18
9	Le Havre	112.267	268	415	268	291	373	325	1.942	17,4	12
10	Rouen	106.496	310	559	289	306	282	272	2.019	18,8	4
11	Roubaix	100.179	223	313	196	208	177	185	1.302	12,9	47
12	Reims	97.903	228	448	255	270	221	221	1.863	19,0	3
13	Amiens	78.407	190	311	127	191	161	166	1.046	13,2	44
14	Nancy	79.091	150	300	206	170	156	161	1.101	13,9	40
15	Nice	75.889	207	357	191	199	157	140	1.248	16,8	14
16	Angers	73.044	186	285	186	192	143	171	1.153	15,6	24
17	Brest	70.778	185	228	178	260	209	193	1.255	17,7	8
18	Nîmes	69.898	185	291	196	165	107	119	1.043	14,9	29
19	Toulon	69.512	102	305	150	211	147	131	1.130	16,3	20
20	Limoges	68.201	157	201	158	161	127	124	1.008	14,7	33
21	Rennes	66.139	194	265	171	207	178	187	1.102	17,6	9
22	Dijon	61.941	141	238	111	143	119	102	854	13,7	41
23	Orléans	60.448	198	208	149	182	128	127	952	15,7	23
24	Tours	59.211	129	217	134	140	121	163	900	15,2	27
25	Calais	58.710	89	131	100	160	106	90	682	11,6	51
26	Le Mans	57.378	183	273	162	126	107	104	954	16,8	16
27	Tourcoing	56.986	110	218	141	124	106	98	811	14,2	37
28	Montpellier	56.724	210	328	156	187	154	175	1.216	21,4	1
29	Besançon	56.503	125	246	127	150	108	111	866	15,4	25
30	Grenoble	51.017	114	252	121	142	136	143	898	17,4	11
31	Versailles	49.852	131	183	115	132	115	121	797	15,9	22
32	Saint-Quentin	47.002	110	154	102	118	112	86	691	14,7	32
33	Saint-Denis	46.829	109	187	115	131	137	131	811	17,3	13
34	Clermont-Ferrand	46.426	101	171	114	106	84	100	676	14,6	35
35	Troyes	46.972	98	226	123	143	150	104	846	18,2	6
36	Boulogne-sur-mer	45.074	99	127	101	100	85	81	593	13,1	46
37	Caen	44.178	107	201	130	164	112	113	807	18,2	5
38	Béziers	42.844	108	180	100	110	86	67	651	15,2	26
39	Bourges	42.820	101	100	76	103	64	68	512	11,9	50
40	Avignon	41.007	131	167	99	102	100	85	684	16,6	15
41	Lorient	39.600	87	143	115	132	102	110	685	17,5	10
42	Dunkerque	38.240	118	160	88	85	88	71	610	15,9	21
43	Cherbourg	37.013	87	108	86	94	100	135	610	16,5	17
44	Cette	36.992	81	136	80	99	76	62	534	14,4	36
45	Poitiers	36.878	75	133	74	87	61	57	487	13,2	43
46	Levallois-Perret	34.384	137	138	92	104	94	95	670	19,7	2
47	Angoulême	34.367	62	77	56	63	62	81	424	12,3	49
48	Perpignan	34.183	80	134	71	61	65	67	478	13,9	39
49	Rochefort	31.109	64	93	54	96	67	60	433	13,9	38
50	Laval	30.211	75	95	84	81	65	48	448	14,8	30
51	Pau	30.162	76	114	60	57	40	41	388	12,8	48

RÉCAPITULATION.

Population totale représentée : 6.269.219 habitants.

	NOMBRE DES DÉCÈS.	PROPORTION POUR 1.000 HABITANTS.
Mois de décembre 1889	17.395	2,77
— janvier 1890	22.738	3,62
— février 1890	14.127	2,25
— mars 1890	15.815	2,52
— avril 1890	13.650	2,17
— mai 1890	13.116	2,09
Ensemble	96.831	15,44

XVII et XVIII. — COMPARAISON DE LA MORTALITÉ GÉNÉRALE PAR MOIS

DE NOVEMBRE 1889 A JUIN 1890 *(épidémie de grippe)*

AVEC CELLE DE LA PÉRIODE CORRESPONDANTE DES TROIS ANNÉES ANTÉRIEURES POUR LES VILLES DE PLUS DE 30.000 HABITANTS (51 VILLES).

POPULATION { I. Ville de Paris .... 1 = 2.260.945 habit. ; II. Villes de 95.000 à 400.000 habitants. 11 = 2.004.285 — ; III. Villes de 30.000 à 80.000 — . 39 = 2.003.989 — } 6.269.219 habitants.

A. — Tableau statistique (nombres absolus).

PÉRIODE.	GROUPES DES VILLES.	NOVEMBRE.	DÉCEMBRE.	JANVIER.	FÉVRIER.	MARS.	AVRIL.	MAI.	JUIN.
1886-1887	Ville de Paris	4.144	4.591	4.900	4.898	5.896	5.141	4.876	4.005
	Villes de 95.000 à 400.000 habitants	3.867	4.531	5.038	4.923	4.981	4.318	3.928	4.019
	Villes de 30.000 à 80.000 —	4.078	4.841	5.318	4.860	5.509	4.911	4.556	4.316
	TOTAUX	12.089	13.973	15.265	14.081	16.086	14.370	13.370	12.398
1887-1888	Ville de Paris	3.930	5.280	5.330	4.424	5.174	4.688	4.266	3.807
	Villes de 95.000 à 400.000 habitants	3.943	4.588	5.216	5.196	5.700	4.780	4.388	3.803
	Villes de 30.000 à 80.000 —	3.882	4.051	4.973	4.748	5.303	4.724	4.403	3.836
	TOTAUX	11.764	12.800	15.528	14.368	16.207	14.192	13.057	11.446
1888-1889	Ville de Paris	3.709	4.370	4.037	4.167	4.853	4.308	4.185	3.805
	Villes de 95.000 à 400.000 habitants	3.540	4.113	4.622	4.237	4.856	4.362	3.892	3.541
	Villes de 30.000 à 80.000 —	3.683	4.186	4.656	4.270	5.026	4.390	3.886	3.558
	TOTAUX	10.932	12.669	13.315	12.674	14.335	13.060	11.963	10.950
Moyenne des trois périodes ci-dessus.	Ville de Paris	3.931	4.414	4.903	4.306	5.251	4.712	4.442	3.912
	Villes de 95.000 à 400.000 habitants	3.783	4.374	4.959	4.685	5.141	4.453	4.073	3.788
	Villes de 30.000 à 80.000 —	3.881	4.363	4.982	4.626	5.176	4.678	4.282	3.901
	TOTAUX	11.615	13.150	14.903	13.708	15.569	13.841	12.797	11.603
1889-1890 (Grippe)	Ville de Paris	4.078	7.481	7.147	4.676	5.265	4.769	4.610	3.881
	Villes de 95.000 à 400.000 habitants	3.592	5.079	7.943	4.762	5.225	4.371	4.232	3.903
	Villes de 30.000 à 80.000 —	3.430	4.808	7.648	4.689	5.325	4.510	4.276	3.904
	TOTAUX	11.096	17.385	22.738	14.127	15.815	13.650	13.118	11.808

B. — Tableau graphique (proportion pour 10.000 habitants).

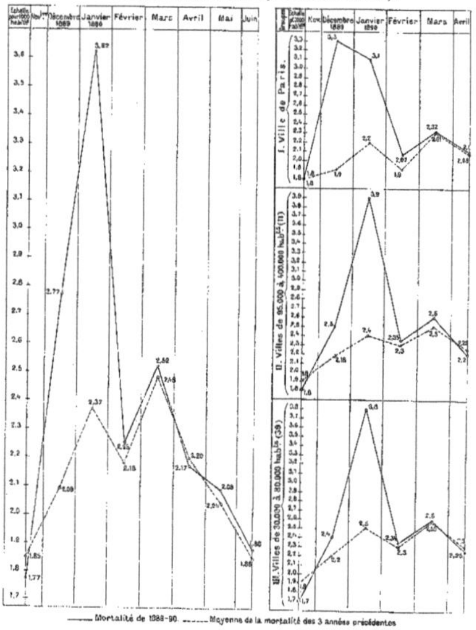

——— Mortalité de 1889-90. - - - - - Moyenne de la mortalité des 3 années précédentes.

LISTE DES VILLES DE FRANCE

N'AYANT ADRESSÉ AUCUN RENSEIGNEMENT SUR LES CAUSES DE DÉCÈS OU N'AYANT FOURNI QUE DES BULLETINS MENSUELS PARTIELS OU INCOMPLETS PENDANT L'ANNÉE 1890.

A. Villes n'ayant adressé aucun renseignement (33 villes).

GROUPE III (1 ville). — Moulins (1).

GROUPE IV (7 villes). — Auxerre. — Hyères. — Laon. — Mayenne. — Sables-d'Olonne (les). — Saint-Dizier. — Vitré.

GROUPE V (25 villes). — Aix-les-bains *(Savoie)*. — Arcachon *(Gironde)*. — Argentan *(Orne)*. — Argenton *(Indre)*. — Carvin *(Pas-de-Calais)*. — Chazelles-sur-Lyon *(Loire)*. — Ferté-Macé (la) *(Orne)*. — Foix *(Ariège)*. — Gaillac *(Tarn)*. — Gannat *(Allier)*. — Gien *(Loiret)*. — Laigle *(Orne)*. — Loudéac *(Côtes-du-Nord)*. — Moissac *(Tarn-et-Garonne)*. — Morez *(Jura)*. — Orthez *(Basses-Pyrénées)*. — Pleyben *(Finistère)*. — Saint-Gilles *(Gard)*. — Saint-Julien-en-Jarret *(Loire)*. — Saint-Maixent *(Deux-Sèvres)*. — Saint-Pourcin-sur-Sioule *(Allier)*. — Scaër *(Finistère)*. — Terrenoire *(Loire)*. — Tonneins *(Lot-et-Garonne)*. — Vire *(Calvados)*.

B. Villes n'ayant fourni que des renseignements partiels ou incomplets (54 villes).

GROUPE III (6 villes). — Angers. — Caen. — Chambéry. — Poitiers. — Roanne. — La Rochelle.

GROUPE IV (11 villes). — Bessèges. — Dinan. — Firminy. — Flers. — Grand'Combe (la). — Libourne. — Louviers. — Morlaix. — Quimper. — Thiers. — Tulle.

GROUPE V (37 villes). — Ambert *(Puy-de-Dôme)*. — Aubin *(Aveyron)* — Bannalec *(Finistère)*. — Bayeux *(Calvados)*. — Belley *(Ain)*. — Bernay *(Eure)*. — Blain *(Loire-inférieure)*. — Bohain *(Aisne)*. — Briec *(Finistère)*. — Brioude *(Haute-Loire)*. — Carpentras *(Vaucluse)*. — Caudan *(Morbihan)*. — Chambon-Feugerolles *(Loire)*. — Crest *(Drôme)*. — Decazeville *(Aveyron)*. — Ernée *(Mayenne)*. — Fourchambault *(Nièvre)*. — Gérardmer *(Vosges)*. — Languidic *(Morbihan)*. — Lectoure *(Gers)*. — Loches *(Indre-et-Loire)*. — Martigues *(Bouches-du-Rhône)*. — Marvejols *(Lozère)*. — Mende *(Lozère)*. — Moëlan *(Finistère)*. — Neuilly-sur-Marne *(Seine-et Oise)*. — Noirmoutier *(Vendée)*. — Plougastel-Daoulas *(Finistère)*. — Plouguerneau *(Finistère)*. — Pont-l'abbé *(Finistère)*. — Saint-Amand *(Cher)*. — Saint-Jean-d'Angely *(Charente-inférieure)*. — Saint-Pierre-Quilbignon *(Finistère)*. — Saint-Yrieix *(Haute-Vienne)*. — Salon *(Bouches-du-Rhône)*. — Talence *(Gironde)*. — Vigan (le) *(Gard)*.

(1) La ville de Moulins a décidé l'envoi du bulletin mensuel à partir de l'année 1891.

STATISTIQUE SANITAIRE DES VILLES DE FRANCE.

TROISIÈME PARTIE.

PREMIÈRE PÉRIODE QUINQUENNALE

(1886-1890).

MORTALITÉ GÉNÉRALE ET PRINCIPALES CAUSES DE DÉCÈS.

MORTALITÉ PAR MALADIES ÉPIDÉMIQUES.

TABLEAUX STATISTIQUES ET GRAPHIQUES.

Les villes sont divisées en cinq groupes comme pour l'année 1890 (Voir p. 23).

SOMMAIRE DE LA TROISIÈME PARTIE.

Période quinquennale de 1886-1890.

I ET II. — RÉCAPITULATION DE LA MORTALITÉ GÉNÉRALE ET DES PRINCIPALES CAUSES DE DÉCÈS PENDANT LA PÉRIODE QUINQUENNALE 1886 À 1890.

A. — Récapitulation comprenant tous les renseignements fournis, complets ou partiels, pour l'ensemble des villes de plus de 5.000 habitants, de 1886 à 1890 inclusivement.

Années.	Nombre de villes.	Population.	Maladies épidémiques : Fièvre typhoïde.	Variole.	Rougeole.	Diphtérie.	Scarlatine.	Coqueluche.	Totaux.	Diarrhée gastro-entérite.	Phtisie.	Autres tuberculoses.	Bronchite (aiguë ou chronique).	Pneumonie.	Autres causes.	Causes inconnues.	Total des décès.
I. — Ville de Paris.																	
1886	1	2.260.945	954	203	1.210	1.612	403	505	4.896	»	»	»	»	»	»	»	55.110
1887			1.385	395	1.688	1.385	224	421	5.700	4.045	10.079	1.249	3.236	4.405	23.860	350	52.836
1888			759	238	915	1.729	193	242	4.113	3.968	9.763	1.271	3.338	4.155	26.251	378	51.230
1889			1.008	130	1.100	1.703	170	518	4.722	4.076	10.391	1.173	3.747	4.703	25.568	628	54.083
1890			656	76	1.405	1.668	228	491	4.606	3.730	10.716	1.007	3.810	5.119	29.012	504	56.096
II. — Villes de 100.000 à 400.000 habitants.																	
1886	11	2.004.283	1.148	2.306	658	1.201	155	303	5.961	»	»	»	»	»	»	»	55.200
1887			1.701	350	1.065	1.429	107	348	5.127	4.966	6.237	1.232	3.527	4.689	25.215	1.457	52.590
1888			1.314	452	1.228	1.372	161	281	5.008	5.094	6.463	1.054	3.687	5.007	25.180	1.641	53.052
1889			703	444	904	1.253	82	206	3.924	4.754	5.843	1.108	3.560	4.525	24.181	1.846	49.638
1890			1.088	767	1.029	1.404	98	370	4.981	5.152	6.639	1.294	4.391	6.085	26.111	1.556	56.759
III. — Villes de 20.000 à 100.000 habitants.																	
1886	88	3.198.974	2.050	854	928	1.592	238	602	5.996	»	»	»	»	»	»	»	84.070
1887			2.073	1.300	2.590	1.745	318	511	8.754	6.790	7.201	2.370	5.080	6.543	38.010	8.205	83.568
1888			1.078	1.011	285	1.847	270	529	7.211	6.617	7.150	2.215	5.022	6.371	37.802	7.631	89.528
1889			1.779	498	715	1.904	178	485	5.599	6.023	6.611	2.087	5.103	5.630	36.749	5.533	73.608
1890			1.654	218	2.411	1.992	184	576	6.627	7.187	7.988	2.290	7.131	8.780	40.871	5.025	86.771
IV. — Villes de 10.000 à 19.999 habitants.																	
1886	129	1.785.284	788	142	313	701	81	207	2.232	»	»	»	»	»	»	»	47.959
1887			1.051	677	707	1.170	141	271	4.019	2.004	3.698	1.182	2.788	3.544	21.508	6.743	45.050
1888			974	1.322	460	1.020	210	292	4.278	3.103	3.555	1.093	2.800	3.358	24.138	6.087	45.395
1889			841	236	540	978	134	238	2.100	3.020	3.709	1.148	2.862	3.100	22.851	5.464	45.219
1890			898	221	810	900	91	281	3.260	3.565	3.760	1.263	3.538	4.367	23.142	4.075	47.489
Récapitulation des villes de plus de 10.000 habitants.																	
1886	229	9.239.498	4.920	3.330	3.098	5.080	898	1.738	19.099	»	»	»	»	»	»	»	253.839
1887			6.200	2.828	6.050	5.925	890	1.564	23.595	18.691	27.163	5.932	15.240	19.001	108.509	15.833	233.803
1888			5.072	3.063	3.619	6.018	868	1.355	20.028	18.742	26.920	5.695	15.402	19.855	109.308	15.033	230.105
1889			4.576	1.686	3.362	5.801	564	1.567	17.676	17.871	24.622	5.512	15.172	18.020	108.379	13.466	222.638
1890			4.305	1.282	5.751	5.881	598	1.782	19.682	19.316	29.121	6.195	18.772	22.901	114.706	12.962	253.505
V. — Villes de 5.000 à 9.999 habitants.																	
1889	338	2.291.772	623	425	511	929	102	588	3.024	2.020	1.838	577	1.517	1.504	15.776	15.471	41.725
1890			829	253	1.443	980	161	605	4.282	3.653	4.123	1.226	3.067	4.579	27.843	7.311	56.682

B. — Récapitulation comprenant seulement les villes de plus de 5.000 habitants qui ont fourni des renseignements complets au cours d'une ou plusieurs années, de 1886 à 1890.

Années.	Nombre de villes.	Population.	Maladies épidémiques : Fièvre typhoïde.	Variole.	Rougeole.	Diphtérie.	Scarlatine.	Coqueluche.	Totaux.	Diarrhée gastro-entérite.	Phtisie.	Autres tuberculoses.	Bronchite (aiguë ou chronique).	Pneumonie.	Autres causes.	Causes inconnues.	Total des décès.
I. — Ville de Paris.																	
1886	1	2.260.945	954	203	1.210	1.612	403	505	4.896	»	»	»	»	»	»	»	55.110
1887			1.385	395	1.688	1.385	224	421	5.700	4.045	10.079	1.249	3.236	4.405	23.860	350	52.836
1888			759	238	915	1.729	193	242	4.113	3.968	9.763	1.271	3.338	4.155	26.251	378	51.230
1889			1.008	130	1.100	1.703	170	518	4.722	4.076	10.391	1.173	3.747	4.703	25.568	628	54.083
1890			656	76	1.405	1.668	228	491	4.606	3.730	10.716	1.007	3.810	5.119	29.012	504	56.096
II. — Villes de 100.000 à 400.000 habitants.																	
1886	11	2.004.283	1.148	2.306	658	1.201	155	303	5.961	»	»	»	»	»	»	»	55.200
1887			1.701	350	1.065	1.429	107	348	5.127	4.966	6.237	1.232	3.527	4.689	25.215	1.457	52.590
1888			1.314	452	1.228	1.372	161	281	5.008	5.094	6.463	1.054	3.687	5.007	25.180	1.641	53.052
1889			703	444	904	1.253	82	206	3.924	4.754	5.843	1.108	3.560	4.525	24.181	1.846	49.638
1890			1.088	767	1.029	1.404	98	370	4.981	5.152	6.639	1.294	4.391	6.085	26.111	1.556	56.759
III. — Villes de 20.000 à 100.000 habitants.																	
1886	76	2.793.783	1.900	582	909	1.423	217	583	5.724	»	»	»	»	»	»	»	72.213
1887	80	2.940.958	2.060	1.155	2.777	1.715	204	603	8.508	6.445	7.266	2.251	5.205	6.209	35.628	5.912	76.470
1888	79	2.880.161	1.002	1.516	936	1.825	260	528	7.000	6.407	7.046	2.172	5.350	6.254	37.020	1.529	73.168
1889	81	2.109.028	1.716	429	713	1.900	171	483	5.382	5.560	6.510	2.030	5.057	5.575	35.190	165	67.071
1890	81	2.109.028	1.583	215	2.119	1.518	184	568	6.519	7.031	7.703	2.240	6.904	8.022	29.893	1.296	80.192
IV. — Villes de 10.000 à 19.999 habitants.																	
1886	96	1.263.598	708	105	289	636	71	184	2.020	»	»	»	»	»	»	»	35.296
1887	107	1.518.008	950	558	682	1.127	121	229	3.967	2.742	3.292	1.133	2.722	3.562	19.734	882	37.506
1888	109	1.518.008	948	1.219	551	1.099	218	240	4.110	2.003	3.385	978	2.718	3.122	23.093	237	38.023
1889	109	1.518.008	771	207	590	918	121	236	2.798	2.567	3.408	1.093	2.771	2.989	21.750	420	38.262
1890	111	1.535.212	812	204	754	801	86	230	[illegible]	2.104	3.304	1.210	3.252	5.193	21.671	512	36.027
Récapitulation des villes de plus de 10.000 habitants.																	
1886	184	8.122.512	4.840	3.205	3.056	5.087	853	1.034	18.373	»	»	»	»	»	»	»	217.870
1887	201	8.484.228	6.029	2.787	5.892	5.862	849	1.513	22.892	18.778	26.873	5.866	15.160	18.735	105.546	7.701	219.071
1888	200	8.073.980	5.897	3.455	3.305	5.973	815	1.121	21.140	18.524	26.088	5.775	15.297	18.589	107.163	3.782	215.940
1889	202	8.722.702	4.875	1.630	3.310	6.778	550	1.533	17.267	17.793	26.286	5.455	15.078	17.102	106.475	3.486	210.035
1890	205	8.798.505	4.160	1.367	5.307	5.798	531	1.055	19.080	19.026	28.737	6.161	18.541	25.079	112.337	3.721	232.174
V. — Villes de 5.000 à 9.999 habitants.																	
1889	278	1.381.295	836	332	224	615	75	225	1.942	1.325	1.201	525	1.178	1.250	12.407	90	21.090
1890	270	1.882.911	726	220	1.260	901	165	515	3.980	3.518	3.670	1.179	3.415	4.372	34.201	783	46.576

III. — RÉCAPITULATION DE LA MORTALITÉ GÉNÉRALE ET DES PRINCIPALES CAUSES DE DÉCÈS PENDANT LA PÉRIODE QUINQUENNALE 1886 A 1890 (*Suite*).

C. — Récapitulation réduite aux villes de plus de 10.000 habitants ayant présenté, soit pour l'année 1886, soit pour les quatre années 1887, 1888, 1889 et 1890 réunies, des renseignements complets et comparables dans leur ensemble.

I. — Nombres absolus.

ANNÉES.	NOMBRE DE VILLES.	POPULATION.	MALADIES ÉPIDÉMIQUES. Fièvre typhoïde.	Variole.	Rougeole.	Diphtérie.	Scarlatine.	Coqueluche.	Totaux.	Diarrhée gastro-entérite.	Phtisie.	Autres tuberculoses.	Bronchite aiguë ou chronique.	Pneumonie.	Autres causes.	Causes inconnues.	TOTAL des décès.
I. — Ville de Paris.																	
1886	1	2.260.945	954	303	1.210	1.312	403	564	4.840	»	»	»	»	»	»	»	55.110
1887			1.385	395	1.088	1.565	224	421	5.706	4.063	10.070	1.258	3.256	4.360	23.892	390	52.836
1888			750	258	915	1.720	198	262	4.113	3.109	9.748	1.271	3.338	4.155	25.235	378	51.330
1889			1.008	130	1.190	1.706	170	518	4.722	4.076	10.280	1.171	3.747	4.708	25.563	629	54.083
1890			630	76	1.465	1.608	228	491	4.620	3.720	10.716	1.407	3.610	5.119	25.802	509	52.566
II. — Villes de 100.000 à 400.000 habitants.																	
1886	11	2.000.285	1.158	2.366	648	1.295	155	363	5.985	»	»	»	»	»	»	»	55.200
1887			1.701	390	1.165	1.426	195	358	5.127	4.086	6.237	1.232	3.527	4.289	25.218	1.667	52.100
1888			1.315	652	1.238	1.372	181	381	4.998	5.083	6.458	1.055	3.687	5.007	25.189	1.651	53.042
1889			953	445	904	1.253	97	250	3.928	4.751	5.803	1.108	3.400	5.585	26.181	1.818	60.148
1890			1.068	767	1.020	1.651	65	370	5.581	5.152	6.420	1.250	3.391	6.095	26.111	1.550	56.759
III. — Villes de 20.000 à 100.000 habitants.																	
1886	76	2.793.785	1.509	580	906	1.423	217	585	5.724	»	»	»	»	»	»	»	72.216
1887	70	2.809.161	2.027	1.345	2.966	1.701	299	581	8.881	6.596	7.217	2.230	5.578	5.272	35.318	4.262	75.970
1888			1.612	1.330	906	1.835	293	528	7.030	6.667	7.016	2.172	5.506	6.254	37.005	1.628	73.145
1889			1.616	621	707	1.881	150	465	5.720	5.927	6.536	2.011	4.999	5.583	35.605	963	66.995
1890			1.566	215	2.246	1.527	185	650	6.337	6.918	7.700	2.207	6.012	8.475	39.237	1.216	79.023
IV. — Villes de 10.000 à 19.999 habitants.																	
1886	96	1.263.498	764	860	390	636	77	185	2.620	»	»	»	»	»	»	»	35.346
1887	100	1.536.136	767	558	683	727	139	238	3.005	2.742	3.292	1.175	2.742	3.402	19.764	894	37.598
1888			915	1.219	454	1.080	228	254	4.115	2.906	3.385	978	2.716	3.150	20.636	237	38.080
1889			771	200	500	914	121	225	2.748	2.907	3.036	1.068	2.774	2.999	21.745	620	38.363
1890			829	208	734	929	88	200	3.062	3.125	3.522	1.199	3.251	3.127	21.102	383	39.935
Récapitulation générale.																	
1886	184	8.422.513	4.840	4.363	3.090	4.867	852	1.698	18.573	»	»	»	»	»	»	»	217.870
1887	200	8.673.640	6.090	2.687	5.857	5.822	850	1.513	22.815	18.338	26.823	5.845	15.100	18.738	105.150	7.091	218.802
1888			4.597	3.545	3.563	5.175	795	1.671	20.186	18.403	26.606	5.475	15.297	18.530	107.153	8.782	215.610
1889			4.428	1.596	3.303	5.748	535	1.506	17.116	17.711	26.315	5.394	15.270	17.810	103.896	3.823	209.048
1890			4.159	1.266	5.510	5.775	562	1.677	18.190	18.905	28.575	6.067	18.341	24.645	111.290	3.061	230.283

II. — Proportion pour 1.000 habitants.

ANNÉES.	NOMBRE DE VILLES.	POPULATION.	MALADIES ÉPIDÉMIQUES. Fièvre typhoïde.	Variole.	Rougeole.	Diphtérie.	Scarlatine.	Coqueluche.	Total.	Diarrhée gastro-entérite.	Phtisie.	Autres tuberculoses.	Bronchite aiguë ou chronique.	Pneumonie.	Autres causes.	Causes inconnues.	TOTAL des décès.
I. — Ville de Paris.																	
1886	1	2.260.945	0,42	0,09	0,53	0,66	0,17	0,25	2,14	»	»	»	»	»	»	»	24,30
1887			0,61	0,17	0,74	0,70	0,10	0,18	2,54	1,78	4,45	0,55	1,44	1,90	10,55	0,15	23,37
1888			0,33	0,11	0,40	0,76	0,08	0,11	1,82	1,79	4,30	0,56	1,47	1,83	10,72	0,16	22,66
1889			0,44	0,05	0,52	0,75	0,07	0,23	2,08	1,80	4,59	0,51	1,65	2,12	10,88	0,27	21,92
1890			0,29	0,03	0,66	0,73	0,09	0,21	2,05	1,65	4,73	0,62	1,08	2,35	10,97	0,23	24,13
II. — Villes de 100.000 à 400.000 habitants.																	
1886	11	2.000.285	0,57	1,18	0,32	0,64	0,07	0,18	2,97	»	»	»	»	»	»	»	27,54
1887			0,85	0,19	0,63	0,71	0,09	0,17	2,59	2,07	3,11	0,61	1,75	2,33	12,35	0,73	26,17
1888			0,65	0,22	0,61	0,68	0,08	0,19	2,65	2,54	3,22	0,52	1,83	2,49	12,55	0,81	26,46
1889			0,47	0,22	0,45	0,62	0,04	0,14	1,95	2,37	2,92	0,50	1,72	2,26	13,04	0,90	24,76
1890			0,53	0,38	0,51	0,82	0,03	0,18	2,78	2,60	3,31	0,62	2,15	3,36	13,00	0,77	28,31
III. — Villes de 20.000 à 100.000 habitants.																	
1886	76	2.793.783	0,71	0,21	0,32	0,51	0,07	0,21	2,05	»	»	»	»	»	»	»	25,85
1887	70	2.580.161	0,73	0,50	0,83	0,63	0,10	0,17	2,90	2,28	2,50	0,77	1,93	2,17	12,15	1,52	26,28
1888			0,65	0,51	0,33	0,63	0,10	0,18	2,42	2,29	2,62	0,75	1,92	2,16	12,83	0,53	25,30
1889			0,58	0,28	0,24	0,65	0,05	0,16	1,98	2,00	2,22	0,69	1,73	1,80	13,52	0,33	23,16
1890			0,54	0,07	0,79	0,53	0,06	0,19	2,19	2,39	2,66	0,76	2,30	2,93	13,58	0,42	27,34
IV. — Villes de 10.000 à 19.999 habitants.																	
1886	96	1.263.495	0,55	0,65	0,21	0,47	0,05	0,13	1,53	»	»	»	»	»	»	»	25,92
1887	100	1.519.008	0,68	0,30	0,45	0,74	0,08	0,15	2,37	1,80	2,17	0,55	1,79	2,28	13,01	0,58	25,76
1888			0,60	0,80	0,30	0,69	0,15	0,16	2,71	1,91	2,23	0,64	1,79	2,05	13,59	0,15	25,60
1889			0,50	0,12	0,33	0,60	0,08	0,15	1,80	1,95	2,30	0,72	1,84	1,97	14,32	0,27	25,27
1890			0,54	0,13	0,45	0,61	0,05	0,17	2,01	2,05	2,82	0,79	2,14	2,11	13,90	0,25	26,30
Récapitulation générale.																	
1886	184	8.422.513	0,57	0,38	0,30	0,57	0,09	0,20	2,20	»	»	»	»	»	»	»	25,86
1887	200	8.673.680	0,70	0,30	0,67	0,65	0,09	0,15	2,63	2,11	3,09	0,61	1,74	2,16	12,06	0,81	25,22
1888			0,56	0,20	0,41	0,61	0,10	0,16	2,32	2,12	3,06	0,64	1,76	2,13	12,33	0,86	25,23
1889			0,51	0,18	0,38	0,66	0,06	0,17	1,97	2,04	3,03	0,62	1,72	2,05	12,20	0,45	24,10
1890			0,48	0,14	0,64	0,66	0,05	0,19	2,19	2,18	3,29	0,70	2,11	2,82	12,83	0,49	26,55

IV. — PROPORTIONS GÉNÉRALES DE LA MORTALITÉ ANNUELLE

POUR L'ENSEMBLE DES VILLES DE FRANCE DE PLUS DE 10.000 HABITANTS AU NOMBRE DE 200 AYANT FOURNI DES RENSEIGNEMENTS STATISTIQUES POUR LA PÉRIODE COMPLÈTE 1887-1890, D'APRÈS LA MOYENNE DES *quatre années* (1).

Population représentée (recensement de 1886) : 8.673.489 habitants.

RUBRIQUES.		MOYENNE ANNUELLE DES DÉCÈS pour la PÉRIODE 1887-1890 (4 ans). NOMBRES ABSOLUS.	PROPORTION P. 1.000 H.	PROPORTION des PRINCIPALES CAUSES par rapport à la mortalité générale.
MORTALITÉ GÉNÉRALE		218.420	25,182	»
MALADIES ÉPIDÉMIQUES	Fièvre typhoïde	4.890	0,563	1 sur 44,5
	Variole	2.253	0,259	1 sur 96,2
	Rougeole	4.568	0,526	1 sur 47,8
	Diphtérie	5.834	0,672	1 sur 37,5
	Scarlatine	698	0,080	1 sur 314,7
	Coqueluche	1.529	0,176	1 sur 143,0
	TOTAL	19.771	2,279	1 sur 11,0
DIARRHÉE, GASTRO-ENTÉRITE		18.366	2,117	1 sur 12,9
TUBERCULOSE		32.771	3,778	1 sur 7,4
BRONCHITE (aiguë et chronique)		15.922	1,835	1 sur 13,7
PNEUMONIE		19.885	2,292	1 sur 10,9
AUTRES CAUSES		107.122	12,350	1 sur 2,0
CAUSES INCONNUES		4.587	0,528	1 sur 46,7
TOTAUX ÉGAUX A LA MORTALITÉ GÉNÉRALE		218.420	25,182	»

(1) Voir ci-dessus (page 50) le tableau récapitulatif général.

V. — GRAPHIQUE DE LA MORTALITÉ GÉNÉRALE
ET DES PRINCIPALES CAUSES DE DÉCÈS
DANS LES VILLES DE FRANCE DE PLUS DE 10.000 HABITANTS, DE 1886 A 1890 (5 ANS).

Proportion annuelle des décès pour 1.000 habitants.

ANNÉE 1886 (*1re année de fonctionnement de la statistique sanitaire*) : 184 villes — 8.422.513 habitants.
ANNÉES 1887-90 — 200 villes — population représentée : 8.673.489 habitants.

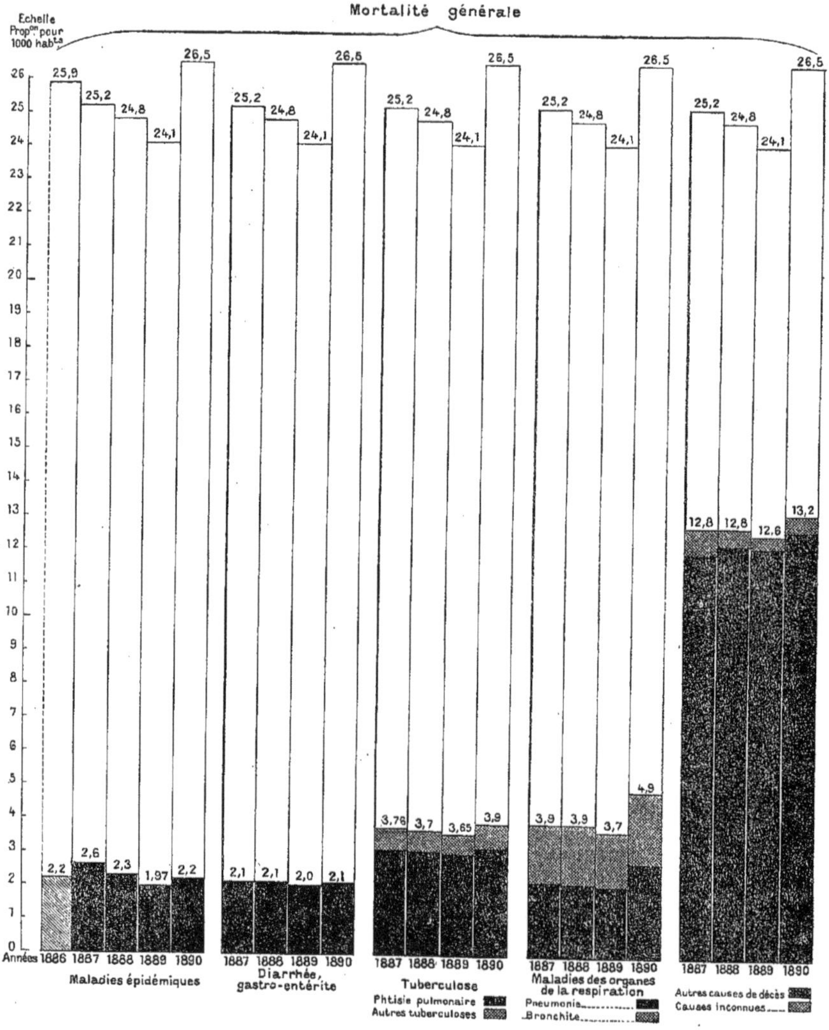

VI. — GRAPHIQUE DE LA MORTALITÉ PAR MALADIES ÉPIDÉMIQUES

DANS LES VILLES DE FRANCE DE PLUS DE 10.000 HABITANTS, DE 1886 A 1890 (5 ANS).

Proportion annuelle des décès pour 10.000 habitants.

ANNÉE 1886 (*1re année de fonctionnement de la statistique sanitaire*) : 184 villes — 2.422.513 habitants.
ANNÉES 1887-90 — 200 villes — population représentée : 8.673.489 habitants.

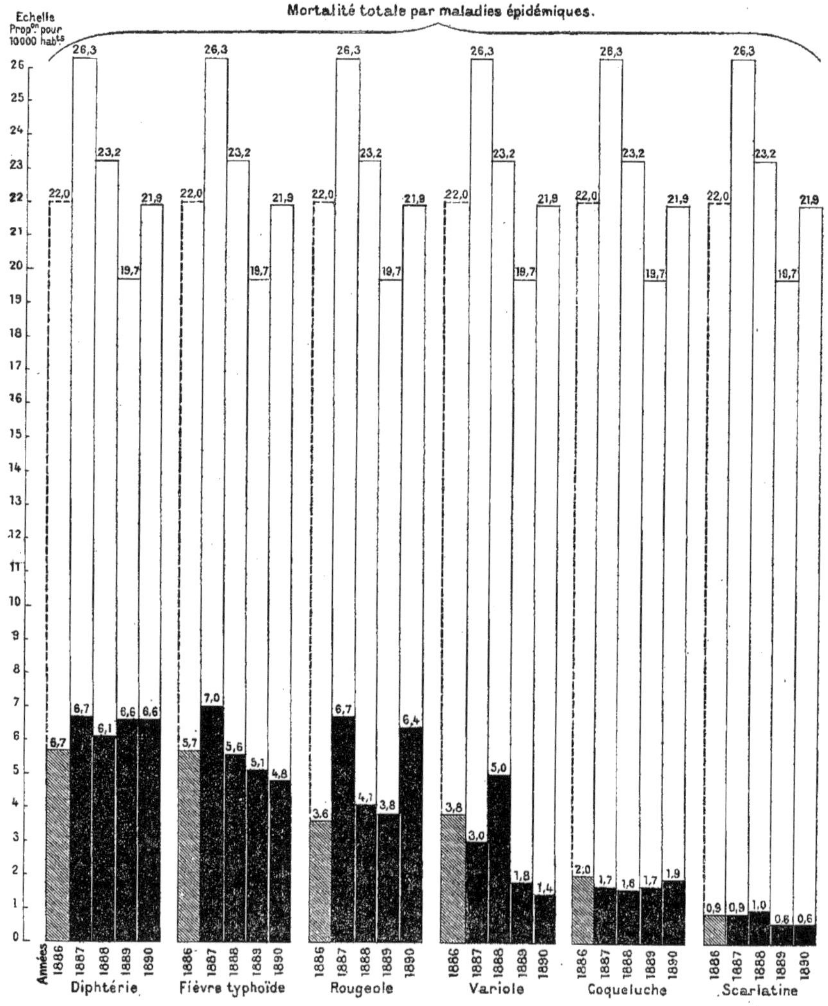

VII. — TABLEAU DE LA MORTALITÉ GÉNÉRALE EN FRANCE (DE 1886 A 1890).

Comparaison entre la mortalité de la France entière et celle des villes de plus de 5.000 habitants groupées suivant l'importance de leur population (1).

Population de la France entière : 37.930.759 habitants.

Ville de Paris	2.260.945 h.	9.239.488 h.
Villes de 100.000 à 400.000 h.	2.004.285 —	
Villes de 20.000 à 100.000 h.	3.188.974 —	
Communes de 10.000 à 20.000 h.	1.785.284 —	
Communes de 5.000 à 10.000 h.	2.281.772 —	
TOTAL	11.521.260 h.	
Différence pour le reste de la France : Comnes au-dessous de 10.000 h.	»	28.691.271 h.
Différence pour le reste de la France : Comnes au-dessous de 5.000 h.	26.409.499	»

ANNÉES.	FRANCE ENTIÈRE.	VILLE de PARIS.	VILLES de 100.000 à 400.000 h.	VILLES de 20.000 à 100.000 h.	VILLES de 10.000 à 20.000 h.	VILLES de 5.000 à 10.000 h.	TOTAUX POUR LES COMMUNES de 10.000 h. et au-dessus.	TOTAUX POUR LES COMMUNES de 5.000 h. et au-dessus.	DIFFÉRENCE pour le RESTE DE LA FRANCE communes au-dessous de 10.000 h.	DIFFÉRENCE pour le RESTE DE LA FRANCE communes au-dessous de 5.000 h.
Nombres absolus.										
1886	860.222	55.110	55.200	86.070	47.249	»	243.629	»	616.593	»
1887	842.797	52.836	52.460	83.548	45.049	»	233.893	»	608.904	»
1888	837.807	51.230	53.042	80.528	45.365	»	230.165	»	607.702	»
1889	794.933	54.083	49.638	73.698	45.219	41.795	222.638	264.433	572.295	530.500
1890	876.505	54.566	56.759	86.771	47.499	56.682	245.595	302.277	630.910	574.228
TOTAUX	4.212.324	267.825	267.099	410.6.5	230.381	98.477	1.175.920	566.710	3.036.404	1.104.728
MOYENNES	842.465	53.565	53.420	82.123	46.076	49.238	235.184	283.355	607.281	552.364
Proportions pour 1.000 habitants.										
1886	22,68	24.37	27,54	26,99	26,46	»	26.37	»	21,49	»
1887	22,22	23,36	26.17	26,20	25.23	»	25,31	»	21,22	»
1888	22,09	22,66	26.46	25,25	25,41	»	24,91	»	21,18	»
1889	20,96	23,92	24.76	23,11	25,33	18,31	24,09	22,95	19,94	20,09
1890	23,10	24,13	28,31	27,21	26,60	24,84	26,58	26,23	21,99	21,74
MOYENNES	22,21	23,69	26.65	25,75	25,80	21,58	25,45	24,59	21,16	20,91

(1) Ce tableau comprend l'ensemble des villes suivant les chiffres portés au tableau I (page 48).

VIII. — TABLEAU RÉCAPITULATIF DE LA MORTALITÉ GÉNÉRALE,

DE LA MORTALITÉ PAR MALADIES ÉPIDÉMIQUES,

ET DES PRINCIPALES AUTRES CAUSES DE DÉCÈS

DANS LES VILLES DE 100.000 HABITANTS (12 VILLES) (1).

Répartition annuelle pour la 1re période quinquennale 1886-1890.

NUMÉROS d'ordre.	VILLES.	POPULATION.	MALADIES ÉPIDÉMIQUES. Fièvre typhoïde.	Variole.	Rougeole.	Diphtérie	Scarlatine.	Coqueluche.	Total.	MORTALITÉ GÉNÉRALE. Nombre absolu.	Proportion p. 1.000 h.
	ANNÉE 1886 (2).										
	Paris	2.260.945	954	203	1.210	1.512	403	564	4.846	55.110	24,3
1	Lyon	400.410	145	9	145	135	45	60	539	9.446	23,5
2	Marseille	376.143	385	2.050	192	581	18	30	3.256	13.114	34,8
3	Bordeaux	237.073	129	37	5	61	13	43	288	5.410	22,8
4	Lille	186.172	39	83	58	43	14	71	308	5.146	27,6
5	Toulouse	144.172	157	5	43	44	1	6	256	3.863	25,6
6	Nantes	126.056	39	1	6	96	2	15	159	2.961	23,4
7	Saint-Étienne	117.875	32	»	89	76	8	11	216	2.689	22,8
8	Le Havre	111.267	82	7	15	89	3	28	224	3.318	29,8
9	Rouen	106.495	50	58	12	67	3	4	194	3.887	36,4
10	Roubaix	100.179	27	2	2	46	23	56	156	2.417	24,1
11	Reims	97.903	63	114	81	56	15	39	368	2.949	30,1
	Ensemble	2.004.285	1.148	2.366	648	1.294	145	363	5.964	55.200	27,54

(1) Y compris Reims (voir note p. 23).
(2) La statistique de 1886 (1re année) ne s'appliquait encore qu'aux décès par maladies épidémiques.

Répartition annuelle de la mortalité générale, de la mortalité par maladies épidémiques et des

NUMÉROS D'ORDRE.	VILLES.	MALADIES ÉPIDÉMIQUES. FIÈVRE typhoïde.	VARIOLE.	ROUGEOLE.	DIPHTÉRIE.	SCARLATINE.	COQUELUCHE.	TOTAL.	DIARRHÉE GASTRO-ENTÉRITE.	PHTISIE.	AUTRES TUBERCULOSES.	BRONCHITE aiguë et chronique.	PNEUMONIE.	AUTRES CAUSES.	CAUSES INCONNUES.	MORTALITÉ GÉNÉRALE. Nombre absolu.	Proportion p. 1.000 h.
	ANNÉE 1887.																
	Paris	1.385	394	1.688	1.585	224	424	5.700	4.045	10.079	1.248	3.256	4.305	23.863	340	52.836	23,3
1	Lyon	125	9	69	173	52	21	449	469	1.264	341	999	723	4.640	-	8.885	22,1
2	Marseille	472	58	210	524	12	57	1.333	941	1.115	73	458	1.066	5.329	651	10.966	29,1
3	Bordeaux	222	5	197	114	5	58	601	396	895	153	378	528	2.956	44	5.951	25,1
4	Lille	35	5	310	87	12	98	547	554	606	57	522	303	2.067	13	4.669	25,0
5	Toulouse	133	202	80	85	6	6	512	285	236	240	99	433	1.685	424	3.914	27,0
6	Nantes	87	12	37	75	8	13	232	303	293	123	138	412	1.582	14	3.097	23,4
7	Saint-Étienne	39	2	48	137	44	2	272	168	312	42	217	376	1.539	67	2.993	25,3
8	Le Havre	409	62	1	50	5	20	547	411	656	7	125	220	1.665	41	3.572	32,1
9	Rouen	121	18	45	46	4	4	238	615	369	75	163	320	1.534	177	3.591	33,7
10	Roubaix	26	1	41	70	21	26	185	374	310	70	186	167	975	4	2.271	22,6
11	Reims	32	16	27	65	28	43	211	450	281	51	142	141	1.243	32	2.551	26,0
	Ensemble	1.701	390	1.065	1.426	197	348	5.127	4.966	6.237	1.232	3.527	4.689	25.215	1.467	52.460	26,17
	ANNÉE 1888.																
	Paris	756	258	915	1.729	193	262	4.113	3.998	9.743	1.271	3.338	4.155	24.234	378	51.230	22,6
1	Lyon	87	56	181	173	34	37	568	441	1.149	377	822	827	4.704	126	9.014	22,5
2	Marseille	385	120	331	468	19	86	1.409	913	1.060	75	560	1.142	5.057	655	10.871	28,9
3	Bordeaux	157	4	99	173	15	45	493	483	890	142	363	472	2.898	47	5.788	24,4
4	Lille	22	14	218	92	9	92	447	610	641	76	638	344	2.213	5	4.974	26,7
5	Toulouse	148	37	2	48	8	10	253	197	293	73	120	403	1.822	419	3.583	24,7
6	Nantes	62	17	22	56	12	2	171	332	284	102	132	402	1.537	35	2.995	23,7
7	Saint-Étienne	25	3	48	94	14	20	204	176	586	52	250	377	1.150	78	2.873	24,3
8	Le Havre	288	150	61	57	16	20	592	327	538	8	175	428	1.833	49	3.950	35,5
9	Rouen	87	10	43	60	14	11	225	738	426	26	172	267	1.583	141	3.578	33,5
10	Roubaix	28	1	40	47	7	52	175	465	312	71	259	140	990	4	2.416	24,1
11	Reims	25	40	183	104	13	6	371	411	281	52	196	205	1.402	82	3.000	30,6
	Ensemble	1.314	452	1.228	1.372	161	381	4.908	5.093	6.463	1.054	3.687	5.007	25.180	1.641	53.042	26,46

principales autres causes de décès dans les villes de 100.000 habitants de 1886 à 1890 *(Suite).*

Numéros d'ordre.	Villes.	Maladies épidémiques. Fièvre typhoïde.	Variole.	Rougeole.	Diphtérie.	Scarlatine.	Coqueluche.	Total.	Diarrhée gastro-entérite.	Phtisie.	Autres tuberculoses.	Bronchite aiguë et chronique.	Pneumonie.	Autres causes.	Causes inconnues.	Mortalité générale. Nombre absolu.	Proportion p. 1.000 h.
	Année 1889.																
	Paris	1.008	130	1.190	1.706	170	518	4.722	4.076	10.380	1.174	3.747	4.793	24.563	628	54.083	23,9
1	Lyon	117	67	86	220	23	22	535	454	1.097	428	841	814	4.628	-	8.797	22,1
2	Marseille	330	195	324	363	4	59	1.275	995	1.034	97	481	1.297	4.891	769	10.839	28,8
3	Bordeaux	82	2	46	166	15	49	360	353	764	185	337	454	2.856	32	5.341	22,5
4	Lille	51	23	93	123	6	37	336	632	598	98	624	346	2.147	3	4.781	25,6
5	Toulouse	36	1	30	45	4	11	127	192	331	74	169	318	1.740	324	3.275	25,9
6	Nantes	73	2	1	35	1	10	122	310	294	58	129	242	1.487	1	2.643	20,9
7	Saint-Étienne	40	78	70	72	4	10	274	181	308	36	221	294	1.562	98	2.974	25,1
8	Le Havre	91	56	3	41	8	5	204	203	528	6	140	203	1.519	181	2.984	26,8
9	Rouen	51	17	103	50	2	14	245	582	399	20	108	279	1.368	260	3.262	30,5
10	Roubaix	28	2	113	46	7	45	241	472	266	62	235	149	861	1	2.287	22,8
11	Reims	54	1	36	73	8	34	206	377	244	44	175	139	1.122	145	2.452	25,0
	Ensemble	953	444	908	1.243	82	296	3.926	4.751	5.863	1.108	3.460	4.535	24.181	1.814	49.638	24,76
	Année 1890.																
	Paris	656	76	1.495	1.668	223	491	4.009	3.739	10.714	1.407	3.810	5.119	24.662	506	54.566	24,1
1	Lyon	101	15	68	395	18	36	633	468	1.396	322	1.030	1.169	4.814	-	9.832	24,5
2	Marseille	313	549	295	675	10	43	1.885	1.008	1.014	196	855	2.033	5.044	905	12.970	34,4
3	Bordeaux	119	1	63	119	9	30	341	337	780	217	385	553	2.882	125	5.620	23,7
4	Lille	48	1	100	103	2	64	318	585	689	152	491	554	2.274	4	5.067	27,2
5	Toulouse	108	4	82	40	4	10	248	331	349	33	293	450	2.379	36	4.119	28,5
6	Nantes	90	1	70	50	2	15	228	364	295	84	177	363	1.677	1	3.189	25,3
7	Saint-Étienne	40	190	11	58	2	24	325	243	373	40	311	427	1.533	110	3.332	28,5
8	Le Havre	113	2	168	54	5	37	379	435	504	32	191	342	1.587	48	3.608	32,4
9	Rouen	102	2	15	47	-	3	169	525	527	38	105	330	1.688	159	3.541	33,2
10	Roubaix	36	-	90	29	10	59	224	403	318	68	306	208	950	80	2.557	25,5
11	Reims	28	2	67	81	4	49	231	443	304	62	247	236	1.283	88	2.894	29,5
	Ensemble	1.098	767	1.029	1.651	66	370	4.981	5.142	6.639	1.244	4.391	6.695	26.111	1.556	56.759	28,31

IX. — TABLEAU GÉNÉRAL ALPHABÉTIQUE DES VILLES DE PLUS DE 10,000 HABITANTS (AU NOMBRE DE 229)

INDIQUANT POUR CHAQUE VILLE, AVEC LES CHIFFRES DE LA POPULATION, LA PROPORTION TOTALE DES DÉCÈS PAR MALADIES ÉPIDÉMIQUES ET LA MOYENNE ANNUELLE DE LA MORTALITÉ GÉNÉRALE POUR L'ENSEMBLE DE LA PÉRIODE QUINQUENNALE 1886-90 (1).

Les noms et chiffres en *italique* se rapportent aux villes qui n'ont fourni que des renseignements nuls ou incomplets pour une ou plusieurs années.

Les chiffres en **caractères gras** sont l'objet de récapitulations distinctes dans les tableaux suivants relatifs à chacune des maladies épidémiques.

NUMÉROS D'ORDRE — Classement alphabétique.	Classement suivant l'importance de la population — par groupe.	— sur l'ensemble.	VILLES.	DÉPARTEMENTS.	POPULATION.	DÉCÈS PAR MALADIES ÉPIDÉMIQUES. Proportion pour 10.000 habitants. (Ensemble de la période quinquennale.) — Fièvre typhoïde.	Variole.	Rougeole.	Diphtérie.	Scarlatine.	Coqueluche.	TOTAL.	MORTALITÉ GÉNÉRALE. — Proportion p. 1.000 h. — Moyenne annuelle (2).
1	IV	102	Abbeville	Somme	19.061	18.2	9.6	11.6	52.7	7.1	9.0	109.0	24.5
2	III	82	Agen	Lot-et-Garonne	22.121	34.3	0.9	18.5	9.9	2.2	2.2	68.3	26.8*
3	III	37	Aix	Bouches-du-Rhône	29.057	37.8	26.0	5.4	44.3	0.3	19.9	131.7	26.1*
4	IV	116	Ajaccio	Corse	17.803	64.5	5.1	38.8	48.5	5.1	5.7	167.7	24.7
5	III	80	Alais	Gard	22.515	30.2	3.11	21.3	41.7	4.0	6.0	107.0	28.4
6	III	91	Albi	Tarn	21.104	26.5	27.4	14.2	32.7	-	15.1	116.0	25.3*
7	IV	113	Alençon	Orne	17.330	21.7	1.1	6.9	22.8	-	4.0	57.0	26.4*
8	III	13	Amiens	Somme	79.307	20.4	28.5	17.0	29.3	8.9	6.3	109.0	24.5
9	III	16	*Angers*	Maine-et-Loire	73.044	*4.7*	13.2	*8.0*	*10.0*	*0.8*	*0.8*	*35.2*	20.8
10	III	47	Angoulême	Charente	34.367	77.3	1.4	32.8	14.8	4.0	4.6	135.0	22.0
11	IV	192	Annecy	Haute-Savoie	11.719	21.3	-	9.4	14.5	5.1	7.0	58.1	23.3
12	IV	123	Annonay	Ardèche	16.857	35.5	7.1	10.0	46.7	1.7	13.0	114.0	28.1
13	IV	220	Anzin	Nord	10.407	1.9	0.9	-	36.4	2.8	8.6	52.8	19.8
14	IV	174	Argenteuil	Seine-et-Oise	12.809	27.3	7.8	10.4	25.7	2.9	11.7	92.9	27.2
15	III	77	Arles	Bouches-du-Rhône	23.491	45.9	11.0	26.3	28.0	2.0	9.3	123.4	26.9
16	III	50	Armentières	Nord	27.985	47.8	2.8	29.2	55.0	8.2	43.5	186.9	30.3*
17	III	65	Arras	Pas-de-Calais	26.400	11.0	10.5	17.7	5.6	6.0	3.1	53.3	20.9*
18	IV	143	Asnières	Seine	14.933	29.1	1.3	11.0	45.6	4.0	2.0	94.0	25.4
19	III	86	Aubervilliers	Seine	21.802	46.5	17.3	25.6	38.3	7.7	12.7	149.0	30.2
20	IV	140	Auch	Gers	15.209	23.0	0.6	2.6	3.9	0.6	2.6	33.9	25.9
21	IV	149	Aurillac	Cantal	14.013	22.6	58.2	22.0	18.4	3.4	3.4	128.5	27.1
22	IV	152	Autun	Saône-et-Loire	14.375	15.2	0.6	13.8	26.3	2.0	2.0	60.4	22.4
23	IV	116	*Auxerre*	Yonne	17.656	»	»	»	»	»	»	»	23.0*
24	III	40	Avignon	Vaucluse	41.007	33.9	33.4	14.1	18.5	1.9	7.5	109.3	28.4*
25	IV	171	*Bailleul*	Nord	13.302	*7.4*	*0.7*	*28.8*	*0.0*	*5.2*	20.8	*68.6*	32.0*
26	IV	108	Bar-le-duc	Meuse	18.438	19.5	-	7.0	11.9	5.5	6.3	68.8	21.1
27	III	90	Bastia	Corse	20.328	50.2	40.3	34.4	64.0	11.3	18.2	218.0	32.6
28	III	94	Bayonne	Basses-Pyrénées	26.503	18.4	3.7	18.2	20.7	1.1	12.0	74.3	21.4
29	IV	180	Beaune	Côte-d'or	11.888	14.2	1.6	9.2	21.0	1.6	3.3	51.2	25.5
30	IV	100	Beauvais	Oise	18.301	40.9	15.8	14.2	15.3	9.2	0.5	96.1	26.1*
31	III	84	Belfort	Haut-Rhin	21.912	14.1	7.7	5.0	14.6	1.8	4.0	47.9	18.1
32	IV	155	*Bergerac*	Dordogne	14.353	77.7	*0.6*	34.1	*34.7*	*8.4*	*8.3*	*150.0*	23.7
33	III	29	Besançon	Doubs	56.303	38.3	5.3	29.4	20.2	13.4	5.4	113.7	26.8
34	IV	211	*Bessèges*	Gard	10.633	*17.7*	*2.8*	*20.8*	*15.8*	»	17.7	*65.0*	28.2
35	IV	206	Béthune	Pas-de-Calais	10.780	25.0	-	20.3	32.4	3.7	7.4	89.8	20.0
36	III	38	Béziers	Hérault	42.844	51.1	65.1	44.8	33.8	3.9	15.8	214.6	27.4
37	III	87	Blois	Loir-et-Cher	21.761	22.4	-	11.9	14.6	1.8	3.2	54.1	25.7*
38	IV	184	Bolbec	Seine-inférieure	11.071	80.3	32.4	1.6	20.6	0.8	2.4	138.1	30.2
39	II	4	Bordeaux	Gironde	237.073	29.9	2.0	17.2	26.7	2.4	9.4	87.8	23.7*
40	III	36	Boulogne-sur-mer	Pas-de-Calais	45.074	15.6	-	48.1	26.8	0.8	13.9	110.2	24.2*
41	III	54	Boulogne-sur-Seine	Seine	29.406	28.5	3.6	44.5	25.1	6.1	12.5	120.3	28.7
42	IV	110	Bourg	Ain	17.871	13.4	-	7.8	13.5	9.2	5.0	51.8	32.9*
43	III	39	Bourges	Cher	42.829	17.5	22.4	13.0	21.7	9.1	8.4	91.8	19.4*
44	III	17	Brest	Finistère	70.778	42.0	65.6	28.9	27.4	3.0	5.5	172.0	32.6*
45	IV	168	Brive	Corrèze	13.445	85.5	14.9	53.7	38.0	11.1	52.2	256.0	28.8
46	III	37	*Caen*	Calvados	44.178	*16.3*	8.8	*4.9*	*2.0*	*0.4*	*1.1*	*33.9*	28.9*
47	IV	130	Cahors	Lot	15.092	48.0	7.0	20.	18.5	7.0	4.4	100.0	23.0
48	III	25	Calais	Pas-de-Calais	58.710	18.9	38.6	28.0	23.3	1.2	12.7	123.5	23.1*
49	III	76	Cambrai	Nord	24.617	11.8	1.6	29.0	20.2	2.1	2.5	66.5	19.4
50	IV	104	Cannes	Alpes-maritimes	19.209	16.6	8.3	9.8	15.6	3.6	4.1	54.3	28.5
51	III	66	Carcassonne	Aude	26.383	28.4	10.6	38.2	19.1	4.1	5.6	106.0	26.5*
52	III	61	Castres	Tarn	27.272	82.7	23.4	54.5	34.0	18.3	36.6	249.5	24.1
53	IV	202	Caudebec	Seine-inférieure	11.038	51.3	0.9	2.7	29.7	-	1.8	86.4	26.9
54	III	44	Cette	Hérault	36.902	50.4	75.6	67.4	52.5	0.5	3.8	230.1	27.2
55	III	78	Chalon-sur-Saône	Saône-et-Loire	22.781	15.7	0.4	18.5	5.7	5.7	2.1	48.2	24.0*
56	III	75	Châlons-sur-Marne	Marne	23.717	14.3	2.9	11.6	10.0	2.0	4.6	52.7	24.5*
57	III	93	*Chambéry*	Savoie	20.785	*16.8*	*0.4*	*12.9*	*9.8*	*1.4*	*2.8*	*44.2*	23.6
58	IV	176	*Chantenay*	Loire-inférieure	12.641	*28.3*	*7.0*	*1.5*	*21.6*	*0.7*	*6.8*	*70.8*	26.7
59	IV	178	Charenton	Seine	12.532	48.0	6.3	25.5	61.5	4.0	5.8	151.0	24.3
60	IV	120	Charleville	Ardennes	18.000	8.9	0.5	12.5	37.7	2.3	1.7	64.0	19.5
61	III	85	*Chartres*	Eure-et-Loir	21.903	*4.1*	*8.6*	*11.4*	*15.9*	*0.4*	*0.4*	*36.9*	27.3*
62	III	83	Châteauroux	Indre	22.038	23.6	2.7	23.1	9.9	4.9	0.1	78.6	21.5*
63	IV	117	Châtellerault	Vienne	17.403	31.8	16.0	16.6	22.4	5.1	1.7	93.6	24.1
64	IV	172	*Chaumont*	Haute-Marne	12.852	*10.8*	*6.1*	*10.0*	*13.9*	6.2	*2.3*	*46.3*	18.2
65	III	43	*Cherbourg*	Manche	37.013	70.7	*2.4*	48.0	*8.6*	*2.1*	*1.8*	*140.0*	26.9*
66	IV	124	Cholet	Maine-et-Loire	16.804	18.5	19.6	3.5	36.9	3.5	9.5	82.7	21.3
67	IV	210	*Ciotat (La)*	Bouches-du-Rhône	10.680	*27.1*	65.4	40.7	*20.5*	*0.9*	*4.6*	*165.2*	28.2
68	III	35	Clermont-Ferrand	Puy-de-Dôme	46.436	26.4	12.4	16.1	17.2	6.9	5.1	78.5	23.7*
69	III	68	Clichy	Seine	26.002	23.8	4.9	51.5	57.3	4.6	24.8	166.7	29.6
70	IV	141	Cognac	Charente	15.200	13.4	-	3.0	7.2	4.6	3.0	31.5	19.2
71	IV	162	*Colombes*	Seine	13.971	*21.4*	*10.1*	*18.6*	42.7	*5.7*	*2.1*	*101.0*	20.8
72	IV	183	Commentry	Allier	12.338	10.5	15.4	8.9	62.6	4.8	5.6	108.0	17.6
73	IV	155	Compiègne	Oise	14.313	28.6	-	4.8	11.8	2.7	-	48.2	21.8
74	IV	138	Courbevoie	Seine	15.538	39.3	1.2	16.1	58.7	2.5	3.2	121.2	27.1
75	III	63	Creusot (Le)	Saône-et-Loire	26.803	13.0	38.0	38.8	24.2	11.5	4.4	130.0	18.6

(1) Ce tableau peut en même temps servir de répertoire pour toutes les récapitulations qui suivent.
(2) Pour les villes marquées d'un astérisque voir ci-après en annexe (page 100) le tableau indiquant les établissements spéciaux susceptibles d'exercer une notable influence sur le taux de la mortalité.

IX. — TABLEAU GÉNÉRAL ALPHABÉTIQUE DES VILLES DE PLUS DE 10.000 HABITANTS (AU NOMBRE DE 229)

INDIQUANT POUR CHAQUE VILLE, AVEC LES CHIFFRES DE LA POPULATION, LA PROPORTION TOTALE DES DÉCÈS PAR MALADIES ÉPIDÉMIQUES ET LA MOYENNE ANNUELLE DE LA MORTALITÉ GÉNÉRALE POUR L'ENSEMBLE DE LA PÉRIODE QUINQUENNALE 1886-90 (*Suite*).

Les noms et chiffres en *italique* se rapportent aux villes qui n'ont fourni que des consignements nuls ou incomplets pour une ou plusieurs années.

Les chiffres en **caractères gras** sont l'objet de récapitulations distinctes dans les tableaux suivants relatifs à chacune des maladies épidémiques.

NUMÉROS D'ORDRE — Classement alphabétique.	Classement suivant l'importance de la population — par groupe.	sur l'ensemble.	VILLES.	DÉPARTEMENTS.	POPULATION.	DÉCÈS PAR MALADIES ÉPIDÉMIQUES. Proportion pour 10.000 habitants. (Ensemble de la période quinquennale.) — Fièvre typhoïde.	Variole.	Rougeole.	Diphtérie.	Scarlatine.	Coqueluche.	TOTAL.	MORTALITÉ GÉNÉRALE. — proportion p. 1.000 h. — moyenne annuelle.
76	IV	227	Dax	Landes	10.327	20.3	**49.5**	3.8	32.0	1.9	0.9	108.4	23.1
77	IV	111	Denain	Nord	17.807	17.6	-	15.1	**44.3**	2.5	**16.8**	96.0	20.1
78	III	70	Dieppe	Seine-inférieure	22.762	16.6	1.3	**42.1**	**36.4**	3.1	1.7	100.2	32.4
79	III	22	Dijon	Côte-d'or	61.941	16.3	1.0	6.5	12.7	**5.9**	2.7	45.0	22.6*
80	IV	238	*Dinan*	Côtes-du-nord	10.105	**38.0**	**18.8**	*11.8*	*9.9*	»	*0.9*	*139.4*	31.3
81	IV	109	Dôle	Jura	13.420	17.1	7.4	12.6	3.0	2.2	0.9	43.2	26.3*
82	III	52	Douai	Nord	29.577	18.2	**10.1**	21.2	30.8	4.7	**20.6**	95.6	19.9
83	IV	205	*Douarnenez*	Finistère	10.923	**66.5**	**398.0**	**06.8**	**104.0**	*5.5*	**25.6**	[illegible]	30.5
84	III	42	Dunkerque	Nord	38.290	14.6	2.8	22.5	**34.5**	4.9	**45.0**	124.3	26.6
85	III	90	Elbeuf	Seine-inférieure	21.653	22.6	2.3	10.1	23.6	-	3.7	62.4	20.3*
86	IV	119	Épernay	Marne	17.320	31.7	0.5	14.4	36.4	2.3	5.2	90.7	20.8
87	III	98	Épinal	Vosges	20.408	16.6	2.0	19.7	**33.3**	**12.2**	8.3	93.1	21.5
88	IV	121	Évreux	Eure	17.046	24.6	14.6	5.2	14.0	2.3	1.1	66.0	25.2*
89	IV	175	Fécamp	Seine-inférieure	12.808	15.6	-	18.7	**67.1**	-	0.1	111.5	23.5
90	IV	161	*Firminy*	Loire	13.092	*12.1*	*7.1*	*20.6*	*30.5*	*6.4*	**27.6**	*104.0*	19.0
91	IV	165	*Flers*	Orne	13.700	*3.6*	*8.1*	»	*7.2*	»	*1.4*	*15.3*	20.4
92	IV	151	Fontainebleau	Seine-et-Marne	14.425	15.1	2.0	6.2	10.3	3.4	2.7	40.0	18.6
93	IV	226	Fontenay-le-comte	Vendée	10.104	26.4	-	1.9	26.5	7.8	2.0	63.7	18.4
94	IV	137	Fougères	Ille-et-Vilaine	15.578	13.4	**69.8**	14.7	19.2	1.2	9.0	128.0	20.8
95	IV	148	Fourmies	Nord	14.633	8.16	-	6.1	25.8	6.1	10.2	56.4	20.4
96	IV	198	Gap	Hautes-Alpes	11.242	**48.6**	6.9	**82.5**	**97.3**	**34.7**	**63.4**	333.6	26.8
97	IV	163	Gentilly	Seine	13.013	9.3	4.3	**40.2**	**40.2**	2.1	**17.2**	113.7	34.4*
98	IV	212	Givors	Rhône	10.619	19.8	0.9	2.8	10.3	3.7	11.3	49.1	20.4
99	IV	200	*Grand'combe (La)*	Gard	11.241	*2.6*	**61.0**	*10.2*	*3.5*	»	*0.8*	*81.1*	[illegible]
100	IV	197	Granville	Manche	11.620	23.2	10.3	14.6	**47.4**	2.5	11.2	109.2	21.6
101	IV	199	Grasse	Alpes-maritimes	11.527	20.0	0.8	20.8	20.0	5.2	7.8	74.7	28.4
102	III	30	Grenoble	Isère	51.017	19.0	**13.6**	22.8	**86.6**	**5.2**	3.7	151.1	26.0
103	IV	150	Halluin	Nord	14.506	26.0	-	**70.5**	**71.9**	3.4	**31.5**	203.2	29.2
104	II	9	Havre (Le)	Seine-inférieure	111.267	**88.5**	**24.9**	**22.3**	**28.2**	**3.3**	**9.9**	175.1	31.3*
105	IV	207	Hazebrouck	Nord	10.713	**32.4**	1.6	**31.4**	36.1	3.7	**19.4**	124.8	21.2
106	IV	187	*Hyères*	Var	13.435	»	»	*1.8*	»	»	»	*1.8*	27.2
107	IV	154	Issoudun	Indre	14.820	14.9	-	2.7	20.0	6.0	6.7	53.3	20.2*
108	IV	190	Issy	Seine	11.862	17.6	3.3	15.0	**48.7**	5.2	7.5	97.6	33.7*
109	III	90	Ivry	Seine	20.756	22.7	2.6	27.0	**26.5**	3.3	**16.4**	99.0	40.2*
110	IV	134	*Lambézellec*	Finistère	15.604	**47.7**	**138.0**	**57.9**	*29.2*	0.0	*0.8*	*280.4*	33.1
111	IV	201	Langres	Haute-Marne	11.111	15.0	0.9	1.8	15.5	**10.8**	0.9	45.9	19.8
112	IV	166	*Laon*	Aisne	13.068	»	»	»	»	»	»	»	31.5
113	III	50	Laval	Mayenne	30.211	20.4	**10.2**	8.2	16.2	3.3	0.8	58.0	27.4*
114	IV	196	*Lens*	Pas-de-Calais	11.646	24.1	**24.1**	12.9	37.0	4.3	3.4	106.0	21.1
115	III	46	Levallois-Perret	Seine	34.384	**32.2**	4.0	**32.5**	**58.1**	3.4	6.9	137.1	20.0
116	IV	128	*Libourne*	Gironde	16.414	*10.8*	»	»	*5.4*	*1.8*	*0.0*	*18.2*	20.7
117	IV	209	*Liévin*	Pas-de-Calais	10.713	*13.8*	**35.5**	*27.1*	*28.0*	»	**16.8**	*122.2*	22.0
118	II	5	Lille	Nord	186.172	**10.4**	**6.7**	**42.0**	**24.1**	**2.3**	**19.4**	104.0	26.4
119	III	20	Limoges	Haute-Vienne	68.991	21.8	1.3	31.7	16.9	4.5	**10.8**	86.0	24.2*
120	IV	131	Lisieux	Calvados	16.036	**37.8**	1.8	27.3	**63.9**	3.7	2.4	137.0	33.2*
121	IV	179	Lons-le-Saunier	Jura	12.531	8.0	-	17.7	4.8	7.2	0.4	44.3	25.5
122	III	41	Lorient	Morbihan	39.000	**68.7**	**60.3**	**52.0**	**41.4**	2.5	**12.8**	207.7	20.8*
123	IV	214	*Louviers*	Eure	10.582	*12.2*	*10.3*	*0.9*	*4.7*	*0.9*	»	*28.8*	24.4
124	III	97	Lunéville	Meurthe-et-Moselle	20.003	**62.1**	5.8	9.7	19.4	4.8	0.7	111.5	22.8
125	II	2	Lyon	Rhône	400.410	**14.3**	**3.8**	**13.6**	**27.3**	**4.2**	**4.3**	67.0	22.9*
126	IV	101	Mâcon	Saône-et-Loire	19.669	20.5	-	23.8	9.4	3.0	6.0	62.0	23.6*
127	III	26	Mans (Le)	Sarthe	57.378	20.7	3.1	6.9	**38.3**	1.4	1.0	73.4	26.7*
128	II	3	Marseille	Bouches-du-Rhône	376.143	**50.1**	**79.0**	**35.9**	**69.4**	**1.6**	**7.3**	243.3	24.2*
129	IV	112	Maubeuge	Nord	17.550	15.0	4.8	3.0	17.0	0.5	7.3	51.7	16.7
130	IV	206	*Mayenne*	Mayenne	10.846	»	»	»	»	»	»	»	20.2*
131	IV	147	Mazamet	Tarn	14.066	**32.0**	2.7	**32.6**	10.0	3.4	**23.1**	112.0	18.7
132	IV	183	Meaux	Seine-et-Marne	12.356	10.3	4.0	13.7	20.0	5.6	2.4	74.1	28.1
133	IV	177	Melun	Seine-et-Marne	12.437	20.1	0.8	6.3	15.1	1.6	3.2	47.4	21.0
134	IV	133	Millau	Aveyron	15.881	**71.0**	7.5	**49.6**	26.4	-	3.0	150.6	25.5
135	IV	203	Montargis	Loiret	11.008	7.2	0.9	3.6	35.1	3.6	-	50.4	21.2
136	III	54	Montauban	Tarn et Garonne	29.445	**32.0**	3.0	10.5	19.3	1.5	3.0	69.7	25.3*
137	IV	139	Montceau-les-mines	Saône-et-Loire	15.235	**39.4**	**92.7**	16.4	**51.3**	3.9	3.2	207.1	21.0
138	IV	160	Montélimar	Drôme	14.014	23.7	**41.2**	8.6	7.9	2.8	10.6	93.6	23.7
139	III	62	*Montluçon*	Allier	26.960	*17.4*	*14.0*	*6.9*	*22.9*	**3.9**	**11.1**	*77.4*	19.4
140	III	88	Montpellier	Hérault	56.724	**53.2**	**33.5**	**45.6**	**43.0**	**1.0**	**0.8**	178.0	32.7*
141	III	93	Montreuil-sous-bois	Seine	21.127	14.6	5.7	21.3	**63.5**	1.0	**17.5**	123.4	27.1
142	IV	228	*Montrouge*	Seine	10.147	*5.9*	*4.9*	*27.4*	*31.3*	*4.0*	*8.0*	*78.4*	24.5
143	IV	146	*Morlaix*	Finistère	14.674	*10.8*	*4.0*	*18.2*	**46.9**	*0.6*	*10.2*	*91.1*	42.4*
144	III	89	*Moulins*	Allier	21.721	*2.7*	»	*0.4*	**8.7**	**5.9**	*8.2*	*21.1*	24.1
145	III	14	Nancy	Meurthe-et-Moselle	79.001	**25.1**	3.4	17.9	12.3	3.0	7.9	60.0	26.1
146	II	7	Nantes	Loire-inférieure	120.050	**27.6**	**2.6**	**10.7**	**24.7**	**1.9**	**4.3**	72.3	23.0*
147	III	58	*Narbonne*	Aude	28.378	**38.0**	**39.0**	**40.8**	*20.0*	*2.1*	*4.0*	*140.6*	24.7
148	III	67	Neuilly	Seine	26.030	23.4	2.3	15.3	15.1	3.4	8.8	68.8	23.3
149	III	70	Nevers	Nièvre	24.917	20.0	**30.6**	13.7	23.3	4.8	2.0	96.1	28.0
150	III	15	Nice	Alpes-maritimes	73.880	**39.1**	**35.0**	27.1	51.1	2.9	5.0	161.3	20.5*
151	III	18	Nîmes	Gard	69.898	**38.0**	5.5	22.4	20.6	1.1	0.4	94.4	26.0*
152	III	81	Niort	Deux-Sèvres	22.509	**60.0**	0.8	17.3	17.8	0.4	1.3	97.3	26.0*

IX. — TABLEAU GÉNÉRAL ALPHABÉTIQUE DES VILLES DE PLUS DE 10.000 HABITANTS (AU NOMBRE DE 229)

INDIQUANT POUR CHAQUE VILLE, AVEC LES CHIFFRES DE LA POPULATION, LA PROPORTION TOTALE DES DÉCÈS PAR MALADIES ÉPIDÉMIQUES ET LA MOYENNE ANNUELLE DE LA MORTALITÉ GÉNÉRALE POUR L'ENSEMBLE DE LA PÉRIODE QUINQUENNALE 1886-90 (*Suite*).

Les noms et chiffres en *italique* se rapportent aux villes qui n'ont fourni que des renseignements nuls ou incomplets pour une ou plusieurs années.

Les chiffres en **caractères gras** sont l'objet de récapitulations distinctes dans les tableaux suivants relatifs à chacune des maladies épidémiques.

Numéros d'ordre: Classement alphabétique	Classement suivant l'importance de la population: par groupe	sur l'ensemble	VILLES.	DÉPARTEMENTS.	POPULATION.	Décès par maladies épidémiques, proportion pour 10.000 habitants (Ensemble de la période quinquennale): Fièvre typhoïde	Variole	Rougeole	Diphtérie	Scarlatine	Coqueluche	TOTAL	Mortalité générale. Proportion p. 1.000 h. Moyenne annuelle.
153	IV	224	Orange	Vaucluse	10.280	24,2	6.7	18.5	19.4	-	1.9	72,8	21.9
154	III	23	Orléans	Loiret	60.448	14.6	5.6	10.0	23.0	8.1	3.8	62.7	24.4*
155	IV	221	Pamiers	Ariège	10.350	43.1	2.8	4.8	16.4	8.6	29.8	106.5	23,0
156	IV	105	Pantin	Seine	19.197	16,0	25.1	34.8	64.0	5.7	23.3	160.0	20.4
157	I	1	Paris	Seine	2.260.945	21,0	4.6	28.4	38,2	5.3	9,9	105,8	23,7
158	III	51	Pau	Basses-Pyrénées	30.162	19.2	0,3	12.2	17.8	2.6	3.6	55.5	28.9*
159	III	50	Périgueux	Dordogne	29.005	20.6	4.4	36.4	34.3	1.0	13.0	110.0	26.2*
160	III	48	Perpignan	Pyrénées-orientales	34.183	42.6	48.5	12.0	33.9	5.3	4,6	150,8	26.9
161	IV	227	*Petit-Quevilly*	Seine-inférieure	10.114	25,7	*0.0*	*15.8*	*9.9*	*2,0*	*2.9*	*59.4*	24,1
162	IV	191	Plœmeur	Morbihan	11.845	96.8	107.5	3.3	130.5	11.8	10.1	360,0	23.8
163	III	45	*Poitiers*	Vienne	36.878	*17,0*	*8.5*	37.1	*2.7*	*1.0*	»	*58,0*	22.5*
164	IV	195	Pont-à-Mousson	Meurthe-et-Moselle	11.099	19.2	0.8	19,6	0.8	-	.	31.6	22.9
165	IV	135	Puteaux	Seine	15.628	46.7	5.7	17.3	46.7	4.4	8,3	120.4	20.0
166	IV	107	Puy (Le)	Haute-Loire	18.870	20.1	34.3	10,5	51.8	21.1	8.9	156.0	31.0*
167	IV	139	*Quimper*	Finistère	16.748	»	37.7	*17,0*	»	»	»	*55.1*	33,8*
168	II	12	Reims	Marne	97.903	20.6	17.6	40.2	38.7	6.9	17.4	141.0	28.2*
169	III	21	Rennes	Ille-et-Vilaine	66.139	23.4	12.5	22.2	24.0	1,9	3.3	87.5	30.3*
170	IV	229	Riom	Puy-de-Dôme	10.030	23,9	9.9	24.0	24.0	25,9	0.9	110,5	26.3
171	IV	158	Rive-de-Gier	Loire	15.129	7,6	0.7	8.5	30.4	2.1	14.8	63,8	24,1
172	III	55	*Roanne*	Loire	29.226	*4.8*	19.8	*0.1*	*11.0*	6.8	*4,1*	*51.7*	24.3*
173	IV	193	Roche-sur-Yon (La)	Vendée	11.773	34.7	5.0	18.6	17.7	5.0	9.3	90.0	25.5*
174	III	49	Rochefort	Charente-inférieure	31.169	34.2	6.9	60.8	20,5	4.8	1,9	131,1	25.0*
175	III	74	*Rochelle (La)*	Charente-inférieure	24.108	*15.3*	»	*24,8*	*19.9*	*1.2*	*0,4*	*61.8*	24.0*
176	IV	189	Rodez	Aveyron	11.929	52.1	-	30.2	16.8	3.3	4.2	106.6	32.1*
177	IV	164	Romans	Drôme	13.834	23.9	20.2	26.8	18,8	3.0	2.1	95.4	31.3
178	II	11	Roubaix	Nord	100.179	14,3	0.5	28,3	23,5	6.7	23.5	97.1	23.7
179	II	10	Rouen	Seine-inférieure	106.405	38.4	9.8	20,3	26.0	2,1	3.3	100,3	32.4
180	IV	208	*Sables d'Olonne (Les)*	Vendée	10.731	»	»	»	»	»	»	»	24.3
181	IV	185	Saint-Amand	Nord	12.105	9,0	41.3	2.4	13.2	-	8.2	74.3	19.5
182	IV	103	Saint-Brieuc	Côtes-du-nord	19.240	50.0	21.8	33,8	33.8	1.0	5.2	145.6	32.2*
183	IV	154	Saint-Chamond	Loire	14.841	9,0	3,6	7,6	51.7	3.4	8.3	83.2	28.1
184	III	33	Saint-Denis	Seine	46.829	25.5	10.4	34.8	36,1	6.4	17.5	137,4	31.1
185	IV	122	Saint-Dié	Vosges	17.024	29.0	-	27,0	29,3	4,1	10,0	101,0	23.2
186	IV	170	*Saint-Dizier*	Haute-Marne	13.392	*5.2*	*0.7*	*8.0*	*4.2*	*8,7*	*0.7*	27.6	28.7*
187	II	8	Saint-Étienne	Loire	117.875	14.9	23.1	22.5	37.0	8.1	5.6	110.0	25.1*
188	IV	149	St-Germain-en-Laye	Seine-et-Oise	16.342	27.0	3.6	9.2	36.8	0.7	4.0	88.3	21,4
189	IV	215	Saint-Lô	Manche	10.440	46.2	7,4	14,9	21,6	0.0	15.0	114.0	29.0*
190	IV	213	Saint-Malo	Ille-et-Vilaine	10.615	10,6	6.6	22.6	20.7	-	6.6	75,4	26,6
191	IV	217	*Saint-Mandé*	Seine	10.492	64.7	»	*13.3*	*21.8*	4.7	»	*105.5*	20.7*
192	IV	132	Saint-Maur	Seine	16.050	12,4	1.8	8,0	19.2	1.8	4.9	48,4	23.1
193	III	73	Saint-Nazaire	Loire-inférieure	24.330	25.5	35.3	38.0	54.3	2,8	14.4	160.3	27.0
194	III	92	Saint-Omer	Pas-de-Calais	21.149	6.1	0,9	32.7	23.2	1,4	17.5	81.8	24.6*
195	III	56	Saint-Ouen	Seine	26.812	31.2	5.7	46.6	51,0	5.7	23.0	163.4	29.6
196	III	32	Saint-Quentin	Aisne	47.092	13.1	-	18,2	12.9	5.5	32.7	82.7	22.9
197	IV	181	Saint-Servan	Ille-et-Vilaine	12.274	25.8	-	47.5	26.2	3.4	4.8	108.0	26.0
198	IV	118	Saintes	Charente-inférieure	17.327	26.5	-	17,9	21.9	6.9	6.3	79.7	20.2
199	IV	156	Saumur	Maine-et-Loire	14.186	21.8	25.3	11.6	11.2	-	2.8	73.3	25.7
200	IV	106	Sedan	Ardennes	19.043	12.2	8.0	13.9	55.1	4.3	8.1	104.0	22.2
201	IV	159	*Sens*	Yonne	14.035	*4.3*	»	*1,8*	*7.8*	*2.1*	*5.0*	*27.0*	22.5
202	IV	172	Seyne (La)	Var	12.524	36.2	4.8	16.0	30,5	1.6	3.2	91.1	25.6
203	IV	192	Soissons	Aisne	11.789	24.1	2.5	4.2	24.0	0.7	0,8	60.4	25.1
204	IV	142	Sotteville-lès-Rouen	Seine-inférieure	15.192	40.7	1.9	13,1	12.4	-	5,9	73.3	30.3*
205	IV	184	Tarare	Rhône	12.331	8.1	.	0.0	3.6	1.6	1.6	21.1	22.6
206	III	72	*Tarbes*	Hautes-Pyrénées	25.455	43.4	»	38.9	84.3	*0.8*	*0.0*	*151.0*	20.4
207	IV	127	*Thiers*	Puy-de-Dôme	16.426	*1.8*	*2.0*	*0,0*	*9.7*	*1.8*	*0,0*	*19.6*	25.0
208	IV	218	Toul	Meurthe-et-Moselle	10.409	9.5	6.6	16,1	16.1	11.4	2.8	62.8	21.6
209	III	19	Toulon	Var	70.054	93.2	25.1	16,4	47.6	2.0	3.8	188,0	27.8*
210	II	6	Toulouse	Haute-Garonne	144.712	40.2	17.1	16.3	18.0	1.5	2.9	96.9	25.9*
211	III	27	Tourcoing	Nord	54.985	17.6	2.8	24.0	35.3	2.4	19.3	103.1	24.7
212	III	24	Tours	Indre-et-Loire	59.211	35.3	15.5	27.7	20.2	1.3	6.0	106.0	24.4*
213	III	30	Troyes	Aube	46.272	40.6	2.8	10.3	28.3	0.8	6.3	89.6	20.4*
214	IV	130	*Tulle*	Corrèze	16.277	48.4	»	*19.6*	*14.7*	3.3	*3.9*	*92.0*	23.2
215	III	71	Valence	Drôme	24.601	28.4	32.9	17.4	19.5	2.8	6.2	105.3	26.4
216	III	68	*Valenciennes*	Nord	27.327	*12.5*	9.8	9.4	*27.2*	*1.1*	*6.2*	*67.5*	22.0*
217	III	100	Vannes	Morbihan	20.036	50.7	3.5	14.5	11.0	0.5	11.0	96.6	25.1
218	IV	115	Verdun	Meuse	17.301	49.7	4.2	17.7	28.5	0.8	0.5	105.4	20.2
219	III	31	Versailles	Seine-et-Oise	49.852	22.2	4.2	12.6	23.0	4.0	5.6	71.8	25.4
220	IV	222	*Vichy*	Allier	10.344	*31.1*	*3.8*	2	*4.8*	*8.8*	*1.9*	*49.6*	24.1
221	III	69	Vienne	Isère	25.403	24.0	30.3	23.6	25.4	3.5	2.3	113.1	25.6
222	IV	210	*Vierzon-ville*	Cher	10.614	3.7	*0.0*	9.5	47.6	12.3	*15.2*	*97.1*	20.4
223	IV	140	Villefranche	Rhône	12.396	19.9	20.9	9.6	16.1	-	-	59.0	33.3
224	IV	145	Villeneuve-sur-Lot	Lot-et-Garonne	14.002	37.4	0.0	15.0	8.8	-	4.7	66.6	24.7
225	IV	157	Villeurbanne	Rhône	14.177	8.6	2.8	18.3	14.1	2.8	5.6	52.8	30.2*
226	III	80	Vincennes	Seine	21.680	15.2	2.7	31.7	39.6	2.7	8.7	100.6	22.4
227	IV	219	*Vitré*	Ille-et-Vilaine	10.457	*1.9*	*8.6*	»	2.8	»	*0.0*	*14.4*	26.3
228	IV	187	Voiron	Isère	11.944	25.1	1.6	2.5	42.8	-	1.6	68.0	33.4
229	IV	120	Wattrelos	Nord	17.183	13.3	0.5	16.8	24.0	6.2	13.0	70.0	23.4

X. — MORTALITÉ GÉNÉRALE

DANS LES VILLES DE FRANCE DE PLUS DE 10.000 HABITANTS PENDANT LA PÉRIODE QUINQUENNALE 1886 à 1890.

Répartition numérique des villes suivant la proportion moyenne annuelle des décès pour 1.000 habitants.

	VILLES. I. PARIS.	II. 100.000 à 400.000 h.	III. 20.000 à 100.000 h.	IV. 10.000 à 19.999 h.	TOTAL.	
Nombre total des villes	1	11	88	129	229	
Villes dans lesquelles la proportion moyenne annuelle a été : supérieure à 40 décès pour 1.000 habitants	-	-	1	2	3	4
de 36 décès pour 1.000 habitants	-	-	-	1	1	
— 33 — —	-	1	-	5	6	
— 32 — —	-	-	4	4	8	28
— 31 — —	-	2	1	5	8	
— 30 — —	-	-	2	4	6	
— 29 — —	-	-	7	5	12	
— 28 — —	-	1	5	9	15	38
— 27 — —	-	-	7	4	11	
— 26 — —	-	1	13	10	24	
— 25 — —	-	2	5	12	19	100
— 24 — —	-	-	18	12	30	
— 23 — —	1	3	7	16	27	
— 22 — —	-	1	7	6	14	
— 21 — —	-	-	3	11	14	41
— 20 — —	-	-	2	11	13	
— 19 — —	-	-	4	6	10	
— 18 — —	-	-	2	4	6	18
— 17 et 16 —	-	-	-	2	2	
Ensemble	1	11	88	129	229	

XI. — STATISTIQUE DE LA MORTALITÉ GÉNÉRALE PAR VILLE ET PAR ANNÉE

POUR LES VILLES DE PLUS DE 10.000 HABITANTS (AU NOMBRE DE 229) PENDANT LA PÉRIODE QUINQUENNALE 1886-1890.

Proportion pour 1.000 habitants.

(Les villes sont classées d'après le chiffre et dans l'ordre décroissant de la mortalité moyenne des cinq années.)

N°s D'ORDRE.	GROUPES.	VILLES.	POPULATION.	MORTALITÉ MOYENNE.	MORTALITÉ ANNUELLE.				
					1886	1887	1888	1889	1890
1	IV	Gentilly*	13.913	54,4	54,7	55,7	54,1	51,7	**56,1**
2	IV	Morlaix*	14.671	42,4	43,5	41,4	41,7	38,4	**47,4**
3	III	Ivry*	20.756	40,2	40,4	38,2	**43,3**	37,5	40,9
4	IV	La Grand'combe	11.341	36,1	31,8	37,4	36,7	33,4	**40,9**
5	IV	Quimper*	16.748	33,8	34,6	31,1	34,1	33,0	**35,9**
6	IV	Issy*	11.862	33,7	32,8	34,4	32,1	32,1	**37,4**
7	IV	Villefranche	12.396	33,5	**23,6**	31,1	34,0	31,5	31,4
8	II	Rouen	106.495	33,4	**36,4**	33,7	33,5	30,5	33,2
9	IV	Lisieux*	16.054	33,2	**37,6**	35,1	31,8	30,6	31,0
10	IV	Lambézellec	15.664	33,1	31,2	28,0	**43,3**	27,5	35,6
11	IV	Bourg*	17.871	32,9	37,2	30,2	30,2	29,3	**37,8**
12	III	Montpellier*	56.724	32,7	30,3	33,6	32,9	30,5	**36,3**
13	III	Brest*	70.778	32,6	32,5	**38,5**	32,6	26,6	32,8
14	III	Bastia	20.328	32,6	30,1	**38,7**	31,6	28,3	33,9
15	III	Dieppe	22.762	32,4	**37,2**	29,9	32,4	30,6	31,7
16	IV	Saint-Brieuc*	19.240	32,2	**34,4**	32,8	33,3	29,3	31,4
17	IV	Rodez*	11.929	32,1	33,7	34,5	30,1	25,8	**36,6**
18	IV	Bailleul*	13.362	32,0	**35,0**	29,4	29,0	32,6	34,4
19	IV	Le Puy*	18.870	31,6	31,2	32,3	31,0	28,4	**35,2**
20	IV	Laon	13.698	31,5	**34,3**	32,6	30,9	26,4	33,4
21	IV	Saint-Germain	16.312	31,4	32,0	**33,8**	29,8	30,3	31,5
22	IV	Romans	13.834	31,3	32,1	34,1	27,3	26,8	**35,9**
23	IV	Dinan	10.105	31,3	**35,9**	31,4	30,4	31,7	27,4
24	II	Le Havre*	111.267	31,3	29,8	32,1	**35,5**	23,8	32,4
25	II	Marseille*	376.143	31,2	**34,8**	29,1	28,9	28,8	34,4
26	III	Saint-Denis	46.829	31,1	**33,9**	34,5	25,4	26,1	29,7
27	IV	Douarnenez	10.923	30,5	31,0	26,6	**53,3**	12,7	28,9
28	III	Armentières*	27.985	30,3	32,1	26,4	32,1	28,0	**32,7**
29	III	Rennes*	66.139	30,3	**34,8**	31,5	27,9	25,8	31,3
30	IV	Sotteville*	15.191	30,3	**35,3**	30,3	29,6	28,2	28,6
31	IV	Bolbec	11.971	30,2	31,3	**35,4**	30,7	23,1	29,9
32	III	Aubervilliers	21.862	30,2	25,8	31,6	30,0	31,7	**32,2**
33	IV	Mayenne*	10.845	30,2	**34,4**	32,0	28,3	**37,0**	29,4
34	IV	Fougères	15 578	29,8	30,3	26,6	31,1	28,1	**32,4**
35	IV	Saint-Mandé*	10.492	29,7	**36,1**	28,4	27,4	26,0	30,1
36	III	Clichy	26.002	29,6	26,2	29,5	**33,8**	28,3	30,4
37	III	Saint-Ouen	20.812	29,6	24,5	32,1	27,0	29,3	**36,7**
38	IV	Puteaux	15.628	29,6	25,0	29,8	28,8	32,1	**32,2**
39	III	Nice*	73.889	29,5	29,9	**34,1**	27,9	29,4	26,3
40	III	Troyes*	46.272	29,4	**34,6**	25,6	27,2	26,3	33,2
41	III	Lorient*	39.600	29,3	29,9	25,9	**31,9**	27,4	31,1
42	III	Elbeuf*	21.645	29,3	32,2	29,3	25,7	26,6	**32,4**
43	IV	Halluin	14.596	29,2	28,2	25,1	31,3	27,6	**33,6**
44	IV	Saint-Lô*	10.580	29,0	30,5	27,3	30,1	25,1	**32,0**
45	III	Levallois-Perret*	34.384	29,0	24,9	29,2	27,8	30,9	**32,1**
46	III	Caen*	44.178	28,9	**31,3**	27,3	29,2	25,5	31,2
47	IV	Brive	13.445	28,8	29,6	29,5	30,2	23,6	**31,2**
48	IV	Saint-Dizier*	13.392	28,7	**34,1**	26,7	27,0	26,2	29,4
49	III	Boulogne-s-Seine	29.408	28,7	25,9	25,8	**31,7**	28,6	31,4
50	IV	Cannes	19.209	28,5	24,6	30,1	26,0	28,9	**33,2**
51	IV	Grasse	11.527	28,4	24,7	29,8	25,9	**31,3**	30,2
52	III	Alais	22.514	28,4	27,4	26,3	26,0	29,2	**33,4**
53	III	Avignon*	41.007	28,4	27,7	31,2	25,8	26,0	**30,5**
54	II	Reims*	97.903	28,2	30,1	26,0	**30,6**	25,0	29,5
55	IV	La Ciotat	10.689	28,2	28,8	24,9	24,2	31,1	**31,8**
56	IV	Bessèges	10.653	28,2	31,2	**37,4**	24,2	22,6	25,8
57	IV	Annonay	16.857	28,1	**32.4**	27,0	29,1	25,9	25,9
58	IV	Petit-Quévilly	10.114	28,1	28,9	23,6	**31,5**	21,9	26,8
59	IV	Meaux	12.356	28,1	**31,9**	26,8	27,0	23,5	28,5
60	III	Béziers	42.844	27,4	24,6	24,5	**31,1**	27,5	29,5
61	III	Laval*	30.211	27,4	**31,1**	26,4	28,6	25,4	25,4
62	III	Toulon*	70.054	27,8	22,9	30,9	27,5	26,7	**31,0**
63	III	Chartres*	21.903	27,3	27,4	26,8	27,0	23,4	**29.0**
64	IV	Argenteuil	12.809	27,2	29,3	**30,2**	25,2	25,0	26,5
65	III	Cette	36.902	27,2	25,8	29,2	**31,2**	23,9	25,8
63	IV	Hyères	13.485	27,2	23,0	26,9	30,1	**30,5**	25,7
67	IV	Aurillac*	14.613	27,1	25,6	24,5	**30,7**	23,3	29,4
68	IV	Courbevoie	15.538	27,1	21,0	26,6	29,6	**31.0**	27,0
69	III	Montreuil-s-bois	21.127	27,1	27,4	27,4	24,6	27,7	**28,2**
70	III	Saint-Nazaire	24.330	27,0	25,9	26,4	23,3	24,9	**34,6**
71	III	Perpignan	34.183	23,9	27,5	26,4	**29,9**	23,7	26,8
72	III	Arles	23.491	26,9	**29,9**	29,1	27,0	23,9	25,4
73	III	Cherbourg*	37.013	26,9	**28,9**	27,8	26,4	24,7	26,5
74	III	Niort*	22.509	23,9	27,1	**28,5**	27,8	24,0	27,2
75	III	Angers	73.044	26,8	**29,4**	26,3	26,5	24,2	27,3
76	IV	Colombes	13.971	26,8	24,0	26,0	25,8	**29,7**	28,5

* Pour les villes marquées d'un astérisque voir ci-après en annexe (page 100) le tableau relatif à la mortalité dans les établissements spéciaux.

XI. — STATISTIQUE DE LA MORTALITÉ GÉNÉRALE PAR VILLE ET PAR ANNÉE

POUR LES VILLES DE PLUS DE 10.000 HABITANTS (AU NOMBRE DE 229) PENDANT LA PÉRIODE QUINQUENNALE 1886-1890 (*Suite*).

Proportion pour 1.000 habitants.

(Les villes sont classées d'après le chiffre et dans l'ordre décroissant de la mortalité moyenne des cinq années.)

Nos D'ORDRE.	GROUPES.	VILLES.	POPULATION.	MORTALITÉ MOYENNE.	MORTALITÉ ANNUELLE. 1886	1887	1888	1889	1890
77	III	Agen*	22.121	26.8	27.7	26.1	26.8	27,0	26.7
78	IV	Chantenay	12.041	26,7	27,6	25,9	26,6	23,4	28.1
79	III	Le Mans*	57.376	26.7	29,8	25,5	26,8	29,9	26,5
80	III	Dunkerque	38.200	26.6	27,2	25,9	26.3	26,7	27.3
81	IV	Saint-Malo	10.614	26.6	28.8	28,3	25,6	24,0	25,1
82	III	Carcassonne*	26.589	26.5	27,8	28.3	29.6	24,9	26.1
83	II	Lille	180.172	26,5	27.6	25,0	26,7	25,6	27,2
84	IV	Alençon*	17.602	26.4	30.1	26,2	24,8	22.9	25,4
85	IV	Pantin	19.167	26,4	24,6	26,1	25,3	28.2	27,0
86	III	Valence	24.061	26.4	27,2	25,5	24,5	27.0	28.3
87	IV	Dôle*	13.420	26.3	30,6	25,7	25,2	25,5	26,3
88	IV	Vitré	10.467	26.3	32.0	23,4	26,1	23,7	24,8
89	IV	Riom	10.070	26.2	27.4	26.8	26,7	22,9	27.7
90	IV	Beauvais*	18.301	26,2	25.5	23.5	27,6	27,2	27,5
91	III	Aix*	29.057	26,1	29.3	25.0	21,7	25,2	28,5
92	IV	Saint-Servan	12.374	26,0	26.5	29.1	25,0	25.0	24.5
93	III	Nîmes*	69.898	26.0	25,5	27,7	24,7	24,3	27.9
94	III	Grenoble	61.017	26.0	25,8	25.6	23,0	24.3	29.9
95	II	Toulouse*	144.712	25.9	26,6	27,0	24.7	22,6	28.5
96	IV	Auch*	15.200	25.9	24,0	27.0	26.1	23,1	28.8
97	IV	Gap	11.572	25,8	26.0	21.9	25,2	31,9	23.3
98	IV	Saumur	15.185	25,7	29.7	24.8	23,6	21,3	27,2
99	III	Blois*	21.761	25.7	25,7	27,1	25,0	24,7	26,0
100	IV	La Seyne	12.524	25.6	26.8	25.9	24,9	21.5	29.1
101	IV	Lons-le-Saunier	12.431	25,5	29,1	26,5	25.1	22.0	26.0
102	IV	Roanne	11.898	25.5	28.8	26.7	23,0	25,7	23,9
103	IV	Millau	15.864	25.5	27,4	24.3	23.5	22.0	30.4
104	IV	Flers	15.700	25.4	26.7	29.1	27.8	20.8	23.7
105	IV	Asnières	15.933	25.4	23.5	26,0	25,3	26.7	26.9
106	IV	La Roche-s-Yon*	11.723	25.4	27.4	24.3	24,1	24.7	25.9
107	III	Versailles	49.852	25,4	26,2	28,4	21.0	25.3	27,6
108	III	Montauban*	29.455	25,3	28.1	25,1	24,8	23.7	26,0
109	IV	Evreux*	17.056	25.2	23,0	27,6	25,2	24,9	26,3
110	III	Périgueux*	29.095	25,2	24,7	28.1	23,9	22.0	27,5
111	II	Saint-Étienne*	117.875	25,1	22,8	25,2	26,3	25,1	28.6
112	IV	Soissons	11.780	25.1	27,2	25,6	23,3	26,2	26.6
113	III	Rochefort*	31.109	25.0	26,8	28,7	23,4	21.3	25,8
114	IV	Caudebec	11.038	24,9	26.0	24,6	25,0	21.0	27,5
115	III	Besançon	56.303	24.8	28.3	25,7	23.2	24.8	25.8
116	IV	Ajaccio	17.560	24.7	23.7	24.7	25.8	24.2	28.2
117	IV	Villeneuve-s-Lot	14.023	24,7	26.5	26.0	23,1	22.0	25,5
118	III	Tourcoing	58.086	24,7	25,5	23,2	25,2	24,1	30.5
119	III	Narbonne	28.378	24.7	22,6	28.6	22.7	24,0	26,1
120	III	Chalon-s-Saône*	22.781	24.6	24.1	23.6	27.6	22.8	26,8
121	III	Saint-Omer*	21.149	24.6	28.0	23.8	25.2	24.6	25,3
122	III	Vienne	25.405	24.6	23,5	26,8	24,7	25,5	27.8
123	III	Châlons-s-Marne*	23.717	24,5	26.3	22,7	24,8	25,0	26.1
124	III	Amiens	79.307	24,5	27.2	23.2	25,8	22,6	23,8
125	IV	Montrouge	10.157	24,5	22.5	24,3	24,7	24,2	28.2
126	IV	Abbeville	19.061	24,5	26.1	24,0	25,0	23,1	24,6
127	IV	Louviers	10.582	24,4	26,0	28.4	25,6	17.2	26,6
128	III	Tours*	59.211	24,4	23,3	25,1	24.5	23.2	28.7
129	III	Orléans*	60.826	24.4	25,1	24.7	25.2	24,9	28.0
130	IV	Charenton	12.652	24.3	23.0	24.7	24.8	25.0	28.9
131	III	[illegible]*	29.220	24.3	24,5	26.0	25.5	21.1	24,6
132	IV	Sables-d'Olonne	10.731	24,3	28,1	25,2	25.4	21.5	23,3
133	III	Albi*	21.164	24.2	25,5	27,7	23.7	22,0	25.9
134	III	Limoges*	68.291	24.2	26.9	25,3	23,1	22.2	25,7
135	III	Boulogne-s-mer*	45.074	24,2	25,4	22.9	23,8	20.4	28.8
136	III	Nancy	79.001	24,1	23.6	23,4	24,3	23,4	28,7
137	III	Castres	27.272	24,1	22,0	22.5	23,4	25.1	26.7
138	IV	Rive-de-Gier	14.120	24,1	26,1	24,1	23,0	22.9	24,3
139	III	Moulins	21.720	24,1	28,2	23,0	21.2	24,7	22.7
140	IV	Vichy	10.334	24,1	23.4	20.0	25.6	24,8	25,0
141	IV	Châtellerault	17.402	24,1	21,5	23.0	23,0	23,0	28.7
142	IV	Thiers	16.420	24,0	25.7	25.1	23,2	24.7	24,0
143	III	La Rochelle*	25.108	24,0	25,1	25,8	23.1	22.0	25.0
144	IV	Plœmeur	11.865	23,8	27,7	23,8	24,5	20,7	24,1
145	II	Roubaix	100.129	23,7	24,1	22,6	24,1	22,8	25.5
146	IV	Bergerac	14.353	23,7	24,1	25.1	24.1	19.8	27.0
147	IV	Montélimar	13.014	23,7	24,1	25.9	24.1	22,8	23.2
148	III	Clermont-Ferrand*	46.420	23,7	25.4	25.8	24,2	22.1	25,1
149	II	Bordeaux*	237.073	23,7	25,8	25,1	24,6	22.5	23,7
150	I	Paris	2.260.945	23,7	24.2	24,3	22,6	22,0	25,1
151	II	Nantes*	126.056	23,6	24,1	24.5	23,7	20,0	26.3
152	III	Nevers	24.817	23,6	28.7	26,1	22,2	22,5	22.5
153	III	Chambéry	20.105	23,6	26.6	20.4	22.3	20.0	24,7
154	IV	Fécamp	12.998	23,5	29.3	25,5	18,0	19.5	24.7
155	IV	Mâcon*	19.089	23,5	25,9	22.0	24.2	21.7	23,6
156	IV	Voiron	11.904	23,4	20.4	23.6	26.7	18.8	26.0
157	IV	Wattrelos	17.183	23,4	26.3	21.0	24,3	22,3	26.3
158	III	Neuilly-s-Seine	31.090	23,3	20.7	21.3	23.5	26.2	24,9
159	IV	Annecy	11.719	23.3	21.7	25.0	21.7	21.5	26,5
160	III	Pau*	30.163	23,2	22,8	23.0	24.2	22,5	23.5
161	IV	Tulle	12.277	23.2	23.8	23.0	21.5	21.6	27.3
162	IV	Saint-Dié	17.094	23.2	22.2	21.1	25,1	26.6	23,6
163	III	Calais*	58.710	23,1	27.1	21.5	22.2	20.1	22.5
164	IV	Saint-Chamond	14.351	23.1	21.5	28.6	22.9	21.6	21,6
165	III	Vannes	20.026	23.1	24,1	20.7	21,2	20.5	24.9
166	IV	Dax	10.327	23.1	22.3	26.0	21,8	22.9	22.2
167	IV	Saint-Dizier	16.050	23,1	23.2	22,8	23,6	21,9	24.6
168	IV	Auxerre*	17.556	23,0	19.1	21.7	25.3	22,0	27.0
169	IV	Pamiers	10.350	23,0	24.8	21.6	21,2	21,5	27.1
170	IV	Cahors	15.622	23,0	24.2	25.8	23.5	19.6	21,0
171	II	Lyon*	400.410	22,9	23,0	22.1	22.5	22.1	24.5
172	IV	Pont-à-Mousson	11.090	22,9	26,1	20,6	21.6	22,2	20,1
173	III	Saint-Quentin	47.002	22,9	25.7	22.3	21.7	19.7	24.6
174	III	Lunéville	20.093	22,8	22,0	23.8	20.0	23.2	24.4
175	IV	Liévin	10.715	22,6	28.8	22.8	19,9	14,4	24,2
176	IV	Tarare*	12.331	22,6	24.7	21.5	22.1	22,9	22.0
177	III	Dijon*	61.941	22,6	25.3	21.5	23.5	19.9	23.7
178	III	Angoulême	35.267	22.6	22,5	24.3	21,0	20,0	24.3
179	III	Valenciennes*	27.397	22,6	22,7	23.5	23,6	19,6	23.7
180	IV	Sens	14.035	22,5	23.6	22.6	20.2	20,5	26.1
181	III	Poitiers*	36.978	22,5	23.7	24.5	20,9	19,5	23.8
182	IV	Autun	14.275	22,5	23.8	21,9	22,7	18,5	25.2
183	III	Vincennes	21.690	22,5	21,5	23,0	21,7	23.4	22,7
184	IV	Sedan	19.010	22.2	21,8	20,7	23,4	20,2	25.2
185	IV	Montceau-les-Mines	15.236	21.9	21,3	22,0	23.6	20.5	22.9
186	IV	Orange	10.260	21.9	20.6	25.3	20.4	22.1	21.5
187	IV	Compiègne	14.313	21,8	23.7	20,7	22,8	21,4	21.0
188	IV	Granville	11.690	21,6	24.0	21.0	23.2	18.4	18,6
189	IV	Toul	10.450	21.6	21.7	21.7	23,7	20.1	20,9
190	III	Châteauroux*	22.038	21,5	18,5	21,9	24.3	21.1	21,9
191	III	Épinal	20.108	21,5	19,6	20,3	20,5	23,0	24.0
192	III	Bayonne	26.593	21.4	19,5	20,1	24.7	20,9	21,4
193	IV	Cholet	16.805	21,3	23,3	20.4	24.5	19,4	18,9
194	IV	Montargis	11.603	21.2	25.2	19,1	20.6	20,5	21.4
195	IV	Hazebrouck	10.772	21.2	25.3	19.0	19,4	21.0	21,0
196	IV	Bar-le-Duc	18.638	21.1	21,5	21,1	21.0	21.8	20,4
197	IV	Lens	11.036	21,1	24.6	18,7	18.2	21.3	21,6
198	IV	Melun	12.537	21.0	21,4	20.5	21.0	20.4	21.6
199	IV	Béthune	10.780	20,9	22.0	21,3	20.3	17,1	23.9
200	III	Arras*	26.923	20.9	22.9	22.2	20.8	17,2	21.3
201	IV	Épernay	17.756	20,8	27.2	20.4	20.5	18.2	22.7
202	IV	Libourne	16.418	20.7	20.0	20,7	22.7	20,4	20.1
203	III	Tarbes	25.550	20.4	18,8	21,0	19.6	19.3	22.4
204	IV	Givors	10.519	20,4	24,6	17.6	20.2	19.7	23,2
205	IV	Fourmies	14.633	20.4	22.0	19,3	20,1	19,0	21,7
206	IV	Vierzon-ville	10.515	20.3	21.2	19,4	18,6	14,4	18.9
207	IV	Saintes	17.891	20.2	17,2	20.0	20.2	20.3	23.2
208	IV	Issoudun*	13.820	20.2	23.0	24,1	18.8	17,0	18,7
209	IV	Verdun	17.501	20.2	21,6	18,6	22.0	19,0	19,6
210	IV	Villeurbanne*	14.175	20,2	22.3	17.9	18,3	19,0	22.9
211	IV	Denain	17.807	20.1	21.2	16.2	18.7	17.7	26.7
212	III	Douai	29.577	19,9	21.7	19,3	20,4	17,0	21.4
213	IV	Langres	11.111	19.8	26.0	15,7	20.4	18,7	19,0
214	IV	Anzin	10.402	19,8	22.0	18,5	19,0	18,6	20,6
215	IV	Firminy	13.992	19.8	21,3	19,4	16.5	19,1	22.0
216	IV	Charleville	16.080	19,5	22.2	17,7	20.1	18,5	19,2
217	IV	Saint-Amand	12.166	19.5	18.9	17,8	24.1	18,0	18.9
218	III	Montluçon	26.900	19,4	20.4	20.1	20.2	16,5	19,8
219	III	Bourges*	42.829	19,4	19,1	20,0	16,7	19.1	20.2
220	III	Cambrai	23.617	19,4	18,0	19.6	19,9	17,8	21.8
221	IV	Cognac	15.200	19,2	18,0	21.3	19.4	17,5	19,9
222	III	Le Creusot	26.803	18,8	28.0	15.7	17.0	15.3	20.2
223	IV	Mazamet	14.006	18,7	21,1	16,9	16,8	17,2	21.6
224	IV	Fontainebleau	14.400	18,6	19.8	17.0	17.9	18.9	19,5
225	IV	Fontenay-le-Comte	10.185	18,4	21.0	20,3	18,3	15,7	17,0
226	IV	Chaumont	12.652	18.2	18,0	16,6	18.9	16,8	20,4
227	III	Belfort	21.912	18.1	22.1	16,0	17,9	17,5	17,9
228	IV	Commentry	12.338	17,6	15,4	20.2	19,7	15,0	17,0
229	IV	Maubeuge	17.580	16.7	17.8	16.5	17,1	15.5	16,8

* Pour les villes marquées d'un astérisque voir ci-après en annexe (page 100) le tableau relatif à la mortalité dans les établissements spéciaux.

XII. — LISTE DES VILLES DE PLUS DE 10.000 HABITANTS

N'AYANT FOURNI SUR LA STATISTIQUE DES CAUSES DE DÉCÈS QUE DES RENSEIGNEMENTS NULS, PARTIELS OU INCOMPLETS POUR LA PÉRIODE QUINQUENNALE 1886 A 1890.

N°s d'ordre.	NOMS DES VILLES		ANNÉES MANQUANT					POPULATION		NOMBRE de villes par groupe.
	Renseignements nuls.	Renseignements partiels ou incomplets.	1886.	1887.	1888.	1889.	1890.	par ville.	par groupe.	
		Villes de 20.000 à 100.000 habitants.								
1		Angers	1886	1887	1888	1889	1890	73.044	415.984	13 villes.
2		Caen	1886	1887	1888	1889	1890	44.178		
3		Chambéry	»	»	1888	1889	1890	20.795		
4		Chartres	1886	1887	1888	»	»	21.903		
5		Cherbourg	1886	»	»	»	»	37.013		
6		Montluçon	1886	1887	1888	»	»	26.960		
7	Moulins	»	1886	1887	1888	1889	1890	21.721		
8		Narbonne	1886	»	»	»	»	28.378		
9	Poitiers	»	1886	1887	1888	1889	1890	36.878		
10		Roanne	1886	1887	1888	1889	1890	29.226		
11		La Rochelle	1886	1887	1888	1889	1890	24.108		
12		Tarbes	1886	»	»	»	»	24.453		
13		Valenciennes	1886	»	»	»	»	27.327		
	2	11	12	8	9	7	7			
		Villes de 10.000 à 19.999 habitants.								
14	Auxerre	»	1886	1887	1888	1889	1890	17.456	421.786	33 villes.
15		Bailleul	1886	1887	1888	1889	»	13.362		
16		Bergerac	1886	»	»	»	»	14.353		
17		Bessèges	1886	1887	1888	1889	1890	10.653		
18		Chantenay	1886	»	»	»	»	12.641		
19		Chaumont	1886	1887	1888	1889	»	12.852		
20		Ciotat (La)	1886	»	»	»	»	10.689		
21		Colombes	1886	»	»	»	»	13.971		
22		Dinan	1886	1887	1888	1889	1890	10.105		
23		Douarnenez	1886	»	»	»	»	10.923		
24		Firminy	1886	1887	1888	1889	1890	13.992		
25	Flers	»	1886	1887	1888	1889	1890	13.709		
26		Grand'combe (La)	1886	1887	1888	1889	1890	11.341		
27	Hyères	»	1886	1887	1888	1889	1890	13.485		
28		Lambézellec	1886	»	»	»	»	15.664		
29	Laon	»	1886	1887	1888	1889	1890	13.698		
30		Libourne	1886	1887	1883	1889	1890	16.414		
31		Liévin	1886	»	»	»	»	10.713		
32		Louviers	1886	1887	1888	1889	1890	10.582		
33	Mayenne	»	1886	1887	1888	1889	1890	10.845		
34		Montrouge	1886	»	»	»	»	10.147		
35		Morlaix	1886	1887	1888	1889	1890	14.671		
36		Petit-Quévilly	1886	»	»	»	»	10.114		
37		Quimper	1886	1887	1888	1889	1890	16.748		
38	Sables d'Olonne (Les)	»	1886	1887	1888	1889	1890	10.731		
39		Saint-Dizier	1886	1887	1888	1889	1890	13.392		
40		Saint-Mandé	1886	»	»	»	»	10.492		
41		Sens	1886	»	»	»	»	14.035		
42		Thiers	1886	1887	1888	1889	1890	16.426		
43		Tulle	1886	1887	1888	1889	1890	16.277		
44		Vichy	1886	»	»	»	»	10.344		
45		Vierzon-ville	1886	»	»	»	»	10.514		
46	Vitré	»	1886	1887	1888	1880	1890	10.447		
	7	26	33	20	20	20	18		837.770	46 villes.

XIII. — MORTALITÉ TOTALE PAR MALADIES ÉPIDÉMIQUES

DANS LES VILLES DE PLUS DE 10.000 HABITANTS DE 1886 A 1890 (5 ANS).

(FIÈVRE TYPHOIDE, VARIOLE, ROUGEOLE, DIPHTÉRIE, SCARLATINE, COQUELUCHE).

Répartition numérique des villes suivant la proportion des décès pour 10.000 habitants.

		VILLES. I. PARIS.	II. 100.000 à 400.000 h.	III. 20.000 à 100.000 h.	IV. 10.000 à 19.999 h.	TOTAUX.
Nombre total des villes		1	11	88	120	220
A. — Villes ayant fourni des renseignements pour la période quinquennale complète. *Proportion totale :*	de 370 à 300 décès p. 10.000 h.	-	-	-	2	2
	— 299 à 200 — —	-	1	5	3	9
	— 199 à 150 — —	-	1	9	5	15
	— 149 à 130 — —	-	1	8	3	12
	— 129 à 110 — —	-	1	11	11	23
	— 109 à 100 — —	1	2	9	12	24
	— 99 à 90 — —	-	2	8	11	21
	— 89 à 80 — —	-	1	5	5	11
	— 79 à 70 — —	-	1	5	9	15
	— 69 à 60 — —	-	1	7	10	18
	— 59 à 50 — —	-	-	5	11	16
	— 49 à 40 — —	-	-	3	10	13
	— 39 à 20 — —	-	-	-	4	4
	Ensemble	1	11	75	96	183
B. — Villes n'ayant fourni pour la période quinquennale que des renseignements partiels ou incomplets. *Proportion totale :*	de 700 à 150 décès p. 10.000 h.	-	-	1	4	5
	— 149 à 100 — —	-	-	2	5	7
	— 99 à 80 — —	-	-	-	5	5
	— 79 à 60 — —	-	-	3	3	6
	— 59 à 40 — —	-	-	3	4	7
	— 39 à 20 — —	-	-	4	3	7
	— 19 à 10 — —	-	-	-	4	4
	Ensemble	-	»	13	28	41
C. — Villes n'ayant fourni aucun renseignement		-	-	-	5 (1)	5

(1) Ces cinq villes sont : Auxerre, Hyères, Laon, Mayenne, Les Sables-d'Olonne.

XIV. — MORTALITÉ TOTALE PAR MALADIES ÉPIDÉMIQUES DE 1886 A 1890 (5 ANS)

(FIÈVRE TYPHOÏDE, VARIOLE, ROUGEOLE, DIPHTÉRIE, SCARLATINE, COQUELUCHE).

Répartition annuelle des décès dans les villes de 100.000 habitants et dans les autres villes de plus de 10.000 habitants particulièrement éprouvées.

NUMÉROS d'ordre.	VILLES.	TOTAL DES DÉCÈS (5 ANS). PROPORTION p. 10.000 h.	NOMBRE absolu.	PROPORTION ANNUELLE DES DÉCÈS POUR 10.000 HABITANTS. 1886.	1887.	1888.	1889.	1890.
	I. — Paris	105,8	23.230	21.4	25,2	14,2	20,8	20,3
	II. — *Villes de 100.000 à 500.000 habitants.*							
1	Marseille	243.3	9.158	86.0	35,6	37,4	33,9	50,1
2	Le Havre	179.1	1.946	20.1	40,0	53.8	15,3	34.1
3	Reims	141,4	1.387	37,5	21.5	37.8	21.0	23.5
4	Saint-Étienne	110.0	1.291	18.3	23,0	17.3	23.2	27,6
5	Lille	104,9	1.956	16.5	20.3	24.0	16,0	17.0
6	Rouen	100.5	1.072	18,2	22.3	21.1	23,3	16,8
7	Roubaix	97.1	981	15.5	18.4	17.4	24,0	22.3
8	Toulouse	96,5	1.390	17.6	35.3	17,5	8.8	17,1
9	Bordeaux	87.6	2.083	12.3	25.3	20.7	15.1	14.3
10	Nantes	72.3	912	12.6	18.4	13,5	9.6	18,0
11	Lyon	67.9	2.724	13.4	11.1	14.1	13.3	15,7
	Ensemble	124.2	24.906	29.7	25.5	25.4	19.5	24.8
	III. — *Villes de 20.000 à 100.000 habitants.*							
1	Lorient	267.7	1.061	53.5	30,0	75.9	50,4	58,8
2	Cette	259.1	924	35.5	76.1	87,5	27.6	23,2
3	Castres	249.5	642	61.1	69,8	50.0	51,6	36,2
4	Bastia	218.0	444	41.3	101,8	24,1	19,2	29,0
5	Béziers	215.8	917	25.2	20.1	55.8	58.8	48.1
6	Toulon	188.0	1.316	71.0	45.6	28.6	17.8	23.4
7	Armentières	186.9	323	28.5	20.9	61.4	56.1	29,6
8	Montpellier	178.0	1.014	14.1	48.3	55.9	31,3	28.4
9	Brest	172.0	1.220	12.9	64.4	51,1	14.1	29.6
10	Clichy	166.7	535	28.0	41,1	19.0	23.4	24,6
11	Saint-Ouen	163,4	340	16.8	48.0	26.9	30.2	41.8
12	Nice	161.1	1.162	23,6	66.4	30.7	28.4	12,0
13	Saint-Nazaire	160.3	390	13.1	49,5	29.2	26.3	52,2
»	Grenoble	151.1	774	23.6	34.2	24.0	27.7	38,8
14	*Troyes*	*151,0*	*809*	*7.2*	48.6	48,5	29.3	25.1
15	Aubervilliers	149.0	325	10.1	42.4	24.2	29,8	32.8
»	Perpignan	146.0	500	17,5	21.9	64,9	23.6	17.5
16	*Narbonne*	*145,8*	*412*	»	50.8	30.6	20.4	28,1
»	*Cherbourg*	*140,0*	*520*	»	46,7	28.1	31.3	34.3
17	Saint-Denis	137.4	644	20.8	30.5	25.0	27.9	24.1
18	Levallois-Perret	137.1	473	17.9	53,4	24.4	24.2	19,1
19	Angoulême	135.0	466	16.2	51,9	24.6	16,0	26,2
20	Aix	131.7	381	20.3	18.9	24.8	31.9	36.0
21	Rochefort	131.4	410	15.9	58.3	18.6	6.4	32.0
22	Le Creusot	130.6	349	73.1	9.7	17.1	12.6	17,5
23	Dunkerque	124.3	476	18.8	23,9	21,7	37.9	21,9
24	Calais	123.5	727	30.4	41,2	22.4	12,7	16,8
	III. — *Villes de 20.000 à 100.000 habitants* (Suite).							
25	Montreuil	123,4	261	18.4	35.0	13.7	35,6	21.2
26	Arles	123.4	291	28.0	19.5	28.0	36.6	17.4
27	Boulogne-sur-Seine	120,3	333	16,6	17,0	30,6	22.6	33.3
28	Vienne	119.1	303	25,0	10,6	20.9	40,9	22,3
29	Albi	118.0	240	21,0	27,3	32.5	17.0	17.0
30	Besançon	112.7	631	27.3	22,6	14.8	13.1	25.0
31	Lunéville	111.5	230	14.6	39.3	17,4	24.7	14.0
32	Boulogne-sur-mer	110.9	498	15.7	22.9	10.4	9.3	12.7
33	Périgueux	110.0	320	13.4	43.2	13,7	13.0	29.0
	IV. — *Villes de 10.000 à 19.999 habitants.*							
»	*Douarnenez*	*487,0*	*748*	»	150.0	481.7	11.9	132.0
1	Ploemeur	309,0	436	36,7	93.2	105.5	86.4	36.4
2	Gap	243,5	304	34.7	58.2	85.2	60.5	46.0
»	*Lambézellec*	*290,4*	*419*	»	88.0	120.9	22.9	57.5
3	Brive	256.0	344	30.6	62.0	52.2	17.7	86.2
4	Montceau-les-mines	207.1	315	15,1	48.4	71.7	35.5	14.4
5	Halluin	203.2	297	14.3	40.4	74.9	23.2	50.0
6	Pantin	169.0	324	20.3	35.9	46.3	42.7	27.4
7	Ajaccio	167.7	204	17.7	61.7	34.8	24.8	30.8
»	*La Ciotat*	*163,2*	*177*	»	14.2	17,7	32.2	95.1
8	Millau	159.6	254	58.4	23.2	23,0	7.3	52.5
»	*Bergerac*	*159,0*	*320*	*6,2*	94,0	12.3	18.7	30.1
9	Le Puy	156.0	295	11.6	25.3	35.4	33.3	33,2
10	Charenton	151.0	180	11.1	35.1	36.7	31.1	3.7
11	Saint-Brieuc	145.6	280	26.8	47.9	24.1	18.2	25.0
»	*Dinan*	*139,4*	*141*	*11,8*	28.7	22,6	41.5	30,7
12	Bolbec	138.1	167	19.0	60.1	31.1	13.5	10.4
13	Lisieux	137.0	221	32.2	30.1	21.7	23.6	27.1
14	Puteaux	129.4	202	6.4	33.3	32.0	27.9	20.1
15	Aurillac	126.5	188	5.4	25.3	52.7	26.0	20.1
16	Fougères	128.0	200	13.4	20.5	53.3	3.4	29.0
17	Hazebrouck	124.8	135	19.4	15.7	70.3	51.0	27.1
»	*Liévin*	*137,2*	*102*	»	34.4	25.5	1.8	25.2
18	Courbevoie	121.2	188	9.0	31.6	37.0	25.1	21.2
19	Saint Lô	114.0	121	36.7	18.8	31.1	18.8	7.0
20	Annonay	114.0	193	22.3	20.1	31.3	27.8	12.4
21	Gentilly	113.7	158	10.7	20.8	17.7	34.2	29.1
22	Mazamet	112.9	166	25,1	3.4	29.2	43.5	13.6
23	Fécamp	111.5	153	15.8	51.0	18.0	6.2	21.0
24	Riom	110.5	111	10.9	26.9	29.9	26.9	14.9

XV. — MORTALITÉ TOTALE PAR MALADIES ÉPIDÉMIQUES DE 1886 A 1890 (5 ANS)

(FIÈVRE TYPHOÏDE, VARIOLE, ROUGEOLE, DIPHTÉRIE, SCARLATINE ET COQUELUCHE).

Tableau de classement des villes de plus de 10.000 habitants suivant la proportion des décès pour l'ensemble de la période quinquennale.

NUMÉROS des groupes.	NUMÉROS d'ordre.	VILLES.	PROPORTION totale pour 10.000 habitants.	NUMÉROS des groupes.	NUMÉROS d'ordre.	VILLES.	PROPORTION totale pour 10.000 habitants.
IV	»	*Douarnenez*	*680,0*	IV	»	*Dinan*	*139,4*
IV	1	Ploemeur	369,0	IV	31	Bolbec	138,1
IV	2	Gap	333,3	III	32	Saint-Denis	137,4
IV	»	*Lambézellec*	*280,0*	III	33	Levallois-Perret	137,1
III	3	Lorient	267,7	IV	34	Lisieux	137,0
IV	4	Brive	266,0	III	35	Angoulême	135,0
III	5	Cette	250,1	III	36	Aix	131,7
III	6	Castres	249,5	III	37	Rochefort	131,4
II	7	Marseille	243,6	III	38	Le Creusot	130,0
III	8	Bastia	218,0	IV	39	Puteaux	129,0
III	9	Béziers	214,8	IV	40	Aurillac	128,0
IV	10	Montceau-les-mines	207,0	IV	41	Fougères	125,0
IV	11	Halluin	203,0	IV	42	Hazebrouck	124,8
III	12	Toulon	188,0	III	43	Dunkerque	124,5
III	13	Armentières	186,9	III	44	Calais	123,5
III	14	Montpellier	178,0	III	45	Montreuil-sous-bois	123,4
II	15	Le Havre	175,1	III	46	Arles	123,3
III	16	Brest	172,0	IV	»	[illegible]	*123,2*
IV	17	Pantin	169,0	IV	47	Courbevoie	121,0
IV	18	Ajaccio	167,7	III	48	Boulogne-sur-Seine	120,3
III	19	Clichy	166,7	III	49	Vienne	119,1
IV	»	*La Ciotat*	*165,2*	III	50	Albi	116,0
III	20	Saint-Ouen	163,6	IV	51	Saint-Lô	114,0
III	21	Nice	161,1	IV	52	Annonay	114,0
III	22	Saint-Nazaire	160,3	IV	53	Gentilly	113,7
IV	»	*Bergerac*	*160,0*	III	54	Besançon	112,7
IV	23	Millau	159,9	IV	55	Mazamet	112,0
IV	24	Le Puy	156,0	IV	56	Fécamp	111,6
IV	25	Charenton	151,6	III	57	Lunéville	111,5
III	26	Grenoble	151,1	IV	58	Riom	110,5
III	»	*Tarbes*	*151,0*	III	59	Boulogne-sur-mer	110,2
III	27	Aubervilliers	149,0	III	60	Périgueux	110,0
III	28	Perpignan	146,0	II	61	Saint-Étienne	110,0
III	»	*Narbonne*	*145,8*	III	62	Avignon	109,3
IV	29	Saint-Brieuc	145,6	IV	63	Granville	109,2
II	30	Reims	141,4	IV	64	Abbeville	109,0
III	»	*Cherbourg*	*140,0*	III	65	Amiens	109,0
IV	66	Dax	108,4	IV	99	Châtellerault	93,6
IV	67	Commentry	108,0	IV	100	Romans	93,5
IV	68	Saint-Servan	108,0	III	101	Épinal	93,1
III	69	Alais	107,0	IV	102	Argenteuil	92,9
IV	70	Pamiers	106,5	IV	»	*Tulle*	*92,0*
IV	71	Lens	106,0	III	103	Bourges	91,8
IV	72	Rodez	106,0	IV	»	*Morlaix*	*91,1*
IV	73	Cahors	106,0	IV	104	Épernay	90,7
III	74	Carcassonne	106,0	IV	105	La Roche-sur-Yon	90,0
III	75	Tours	106,0	IV	106	Béthune	89,8
I	76	Paris	105,8	III	107	Troyes	89,6
IV	»	*Saint-Mandé*	*105,5*	IV	108	Saint-Germain-en-Laye	88,3
IV	77	Verdun	105,5	II	109	Bordeaux	87,8
II	78	Lille	104,9	III	110	Rennes	87,5
IV	»	*Firminy*	*104,0*	III	111	Limoges	86,6
IV	79	Sedan	104,0	IV	112	Caudebec	86,4
III	80	Valence	104,2	IV	»	*Bessèges*	*85,0*
III	81	Tourcoing	103,1	IV	113	Saint-Chamond	83,9
III	82	Vincennes	100,6	IV	114	Cholet	82,7
II	83	Rouen	100,5	III	115	Saint-Quentin	82,7
III	84	Dieppe	100,2	III	116	Saint-Omer	81,9
IV	»	*Colombes*	*101,0*	IV	»	*La Grand'combe*	*81,4*
IV	85	Saint-Dié	101,0	IV	117	Saintes	79,7
III	86	Ivry	99,0	IV	118	Wattrelos	79,0
IV	87	Issy	97,4	IV	»	*Montrouge*	*78,4*
III	88	Niort	97,3	III	119	Clermont-Ferrand	78,4
IV	»	*Vierzon-ville*	*97,1*	III	»	*Montluçon*	*77,4*
II	89	Roubaix	97,1	IV	120	Saint-Malo	75,4
II	90	Toulouse	96,9	IV	121	Saumur	75,3
III	91	Vannes	96,8	IV	122	Grasse	74,7
IV	92	Beauvais	96,1	IV	123	Saint-Amand	74,3
IV	93	Denain	96,0	IV	124	Sotteville-lès-Rouen	74,3
III	94	Douai	95,6	III	125	Bayonne	74,3
III	95	Nevers	95,1	IV	126	Meaux	74,1
III	96	Nîmes	95,4	III	127	Châteauroux	73,6
IV	97	Asnières	94,9	IV	128	Orange	72,8
IV	98	Montélimar	93,8	III	129	Le Mans	72,4

MORTALITÉ TOTALE PAR MALADIES ÉPIDÉMIQUES DE 1886 A 1890 (5 ANS)

(FIÈVRE TYPHOIDE, VARIOLE, ROUGEOLE, DIPHTÉRIE, SCARLATINE ET COQUELUCHE).

Tableau de classement des villes de plus de 10.000 habitants suivant la proportion des décès pour l'ensemble de la période quinquennale (*Suite*).

NUMÉROS DES GROUPES.	NUMÉROS D'ORDRE.	VILLES.	PROPORTION TOTALE pour 10.000 habitants.	NUMÉROS DES GROUPES.	NUMÉROS D'ORDRE.	VILLES.	PROPORTION TOTALE pour 10.000 habitants.
II	130	Nantes	72,3	IV	160	Anzin	52,8
III	131	Versailles	71,8	IV	161	Villeurbanne	52,8
IV	»	*Chantenay*	*70,6*	III	162	Châlons-sur-Marne	52,7
III	132	Nancy	69,9	IV	163	Maubeuge	51,7
III	133	Montauban	69,7	IV	164	Beaune	51,2
IV	134	Voiron	68,9	IV	165	Montargis	50,4
III	135	Neuilly	68,8	IV	166	Givors	49,1
IV	»	*Bailleul*	*68,6*	IV	167	Saint-Maur	48,4
III	136	Agen	68,3	IV	168	Bar-le-duc	48,3
II	137	Lyon	67,9	IV	169	Compiègne	48,2
IV	138	Villeneuve-sur-Lot	66,6	III	170	Chalon-sur-Saône	48,2
IV	139	Évreux	66,0	III	171	Belfort	47,9
III	140	Cambrai	66,5	IV	172	Melun	47,1
IV	141	Charleville	60,0	IV	»	*Vichy*	*46,6*
IV	142	Rive-de-Gier	63,8	IV	»	*Chaumont*	*46,5*
IV	143	Fontenay-le-comte	63,7	IV	173	Langres	45,9
IV	144	Mâcon	62,9	III	174	Dijon	45,0
IV	145	Toul	62,8	IV	175	Lons-le-Saunier	44,3
III	146	Orléans	62,7	III	»	*Chambéry*	*44,2*
III	147	Elbeuf	62,4	IV	176	Dôle	43,2
III	»	*La Rochelle*	*61,8*	IV	177	Bourg	41,8
III	»	*Valenciennes*	*61,5*	IV	178	Fontainebleau	40,0
IV	148	Autun	60,4	III	»	*Chartres*	*36,0*
IV	149	Soissons	60,1	III	»	*Angers*	*35,2*
IV	150	Villefranche	59,6	III	»	*Caen*	*33,9*
IV	»	*Petit-Quévilly*	*59,4*	IV	179	Auch	33,5
III	151	Laval	58,6	IV	180	Pont-à-Mousson	31,6
IV	152	Cannes	58,3	IV	181	Cognac	31,5
IV	153	Annecy	58,1	IV	»	*Louviers*	*29,2*
III	»	*Poitiers*	*58,0*	IV	»	*Saint-Dizier*	*27,6*
IV	154	Alençon	57,0	IV	»	*Sens*	*27,6*
IV	155	Fourmies	56,4	IV	182	Tarare	21,1
III	156	Pau	55,9	III	»	*Moulins*	*21,1*
IV	»	*Quimper*	*55,1*	IV	»	*Thiers*	*19,5*
III	»	*Roanne*	*54,7*	IV	»	*Libourne*	*18,2*
III	157	Blois	54,1	IV	»	*Flers*	*15,3*
III	158	Arras	53,5	IV	»	*Vitré*	*14,4*
IV	159	Issoudun	53,3				

STATISTIQUE SANITAIRE DES VILLES DE FRANCE.

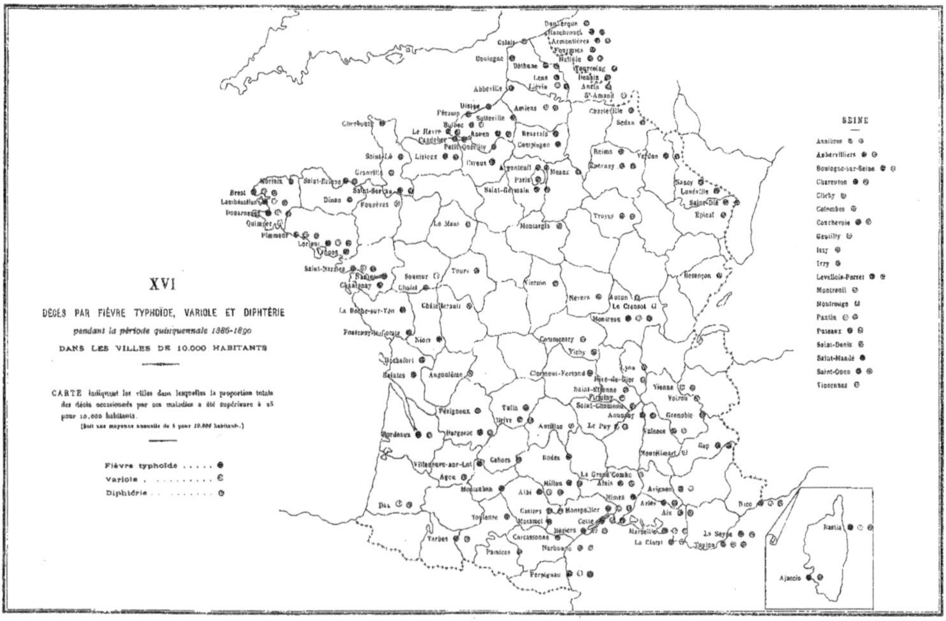
XVI
DÉCÈS PAR FIÈVRE TYPHOÏDE, VARIOLE ET DIPHTÉRIE
pendant la période quinquennale 1886-1890
DANS LES VILLES DE 10.000 HABITANTS
CARTE indiquant les villes dans lesquelles la proportion totale des décès occasionnés par ces maladies a été supérieure à 25 pour 10.000 habitants.
(Soit une moyenne annuelle de 5 pour 10.000 habitants.)
Fièvre typhoïde
Variole
Diphtérie
SEINE
Asnières
Aubervilliers
Boulogne-sur-Seine
Charenton
Clichy
Colombes
Courbevoie
Gentilly
Issy
Ivry
Levallois-Perret
Montreuil
Montrouge
Pantin
Puteaux
Saint-Denis
Saint-Mandé
Saint-Ouen
Vincennes
Brest
Quimper
Lorient
Nantes
Bordeaux
Marseille
Nice
Bastia
Ajaccio

XVII. — MORTALITÉ PAR DIPHTÉRIE

DANS LES VILLES DE PLUS DE 10.000 HABITANTS DE 1886 A 1890 (5 ANS).

Répartition numérique des villes suivant la proportion des décès pour 10.000 habitants.

		NOMBRE DES VILLES.				
		I. PARIS.	II. 100.000 à 400.000 h.	III. 20.000 à 100.000 h.	IV. 10.000 à 19.999 h.	TOTAUX.
Nombre total des villes		1	11	88	129	229
A. — Villes ayant fourni des renseignements pour la période quinquennale complète. — *Proportion totale :*	de 140 à 100 décès p. 10.000 h.	-	-	-	1	1
	— 99 à 70 — —	-	-	1	2	3
	— 69 à 60 — —	-	1	2	5	8
	— 59 à 50 — —	-	-	7	6	13
	— 49 à 40 — —	-	-	5	9	14
	— 39 à 30 — —	1	2	14	14	31
	— 29 à 10 — —	-	7	23	22	52
	— 19 à 10 — —	-	1	19	28	48
	— 9 à 1 (et au-dessous)	-	-	4	9	13
	Ensemble	1	11	75	96	183
B. — Villes n'ayant fourni pour la période quinquennale que des renseignements partiels ou incomplets. — *Proportion totale :*	de 140 à 60 décès p. 10.000 h.	-	-	1	1	2
	— 49 à 40 — —	-	-	-	3	3
	— 39 à 30 — —	-	-	-	3	3
	— 29 à 20 — —	-	-	3	5	8
	— 19 à 10 — —	-	-	4	3	7
	— 9 à 1 — —	-	-	5	12	17
	néant	-	-	-	1	1
	Ensemble	-	-	13	28	41
C. — Villes n'ayant fourni aucun renseignement		-	-	-	5	5

XVIII. — MORTALITÉ PAR DIPHTÉRIE DE 1886 A 1890 (5 ANS).

Répartition annuelle des décès dans les villes de 100.000 habitants et dans les autres villes de plus de 10.000 habitants particulièrement éprouvées.

NUMÉROS D'ORDRE.	VILLES.	POPULATION.	TOTAL DES DÉCÈS (5 ANS). PROPORTION p. 10.000 h.	TOTAL DES DÉCÈS (5 ANS). NOMBRE ABSOLU.	NOMBRE DES DÉCÈS PAR AN. 1886.	1887.	1888.	1889.	1890.
	I. — Paris	2.260.945	36,2	8.200	1.512	1.585	1.729	1.706	1.668
	II. — Villes de 100.000 à 400.000 habitants.								
1	Marseille	376.143	69.4	2.411	361	524	408	363	675
2	Reims	97.903	38.7	379	56	63	101	73	81
3	Saint-Étienne	117.875	37.0	437	76	137	94	72	58
4	Lyon	400.410	27.3	1.098	185	173	173	220	395
5	Bordeaux	240.073	26.7	633	61	114	173	106	110
6	Le Havre	111.267	26.2	291	89	50	47	41	56
7	Rouen	106.495	26.0	279	67	46	60	50	47
8	Nantes	126.056	25.7	312	96	75	56	35	50
9	Lille	186.174	24.1	448	53	87	92	123	103
10	Roubaix	100.179	23,5	238	46	70	67	60	29
11	Toulouse	144.712	18.0	202	54	85	48	45	40
	Totaux	2.004.255	34.9	6.986	1.294	1.426	1.372	1.743	1.651
	III. — Villes de 20.000 à 100.000 habitants.								
1	Grenoble	31.017	80,8	444	98	94	85	111	66
»	*Tarbes*	24.553	*64,3*	*157*	*1*	37	32	48	39
2	Bastia	20.328	64.0	130	45	54	12	9	10
3	Montreuil-sous-bois	21.127	63.5	134	20	31	17	39	27
4	Levallois-Perret	34.384	58.1	200	20	66	38	65	22
5	Clichy	26.003	57,3	149	20	39	52	23	14
6	Armentières	27.985	55.0	155	6	14	58	63	15
7	Saint-Nazaire	25.330	54.3	132	22	9	25	30	48
8	Cette	30.902	52.5	194	52	20	37	44	41
9	Nice	73.880	51.1	377	94	81	93	79	30
10	Saint-Ouen	20.812	51.0	106	15	20	26	27	18
11	Toulon	70.084	47.6	333	66	128	69	56	41
12	Aix	29.057	44.3	129	7	28	31	39	24
13	Montpellier	56.724	43.0	244	27	61	60	56	40
14	Alais	22.515	41.7	96	3	1	4	43	43
15	Lorient	39.699	41,4	164	73	30	29	21	11
16	Vincennes	21.690	39.6	86	3	24	16	24	19
17	Aubervilliers	21.862	38.3	84	17	10	18	23	16
18	Le Mans	57.378	38,3	220	24	27	78	63	30
19	Dieppe	32.762	30,4	83	38	27	8	7	7
20	Saint-Denis	46.829	30,1	100	17	20	58	37	20
21	Vienne	26.400	33.4	90	17	12	31	21	9
22	Tourcoing	58.986	35.0	204	5	25	19	73	78
23	Dunkerque	38.240	34.5	132	25	23	18	37	29

NUMÉROS D'ORDRE.	VILLES.	POPULATION.	TOTAL DES DÉCÈS (5 ANS). PROPORTION p. 10.000 h.	TOTAL DES DÉCÈS (5 ANS). NOMBRE ABSOLU.	NOMBRE DES DÉCÈS PAR AN. 1886.	1887.	1888.	1889.	1890.
	III. — Villes de 20.000 à 100.000 habitants (Suite).								
24	Périgueux	29.095	34,3	100	10	23	28	19	20
25	Castres	27.272	34.0	93	32	7	22	23	9
26	Perpignan	34.193	33,9	116	22	20	31	25	18
27	Béziers	42.844	33.8	145	25	37	23	32	30
28	Épinal	20.408	33.3	68	4	19	18	12	15
29	Albi	21.104	32,7	69	2	27	31	1	8
30	Amiens	78.307	29.8	233	75	71	44	29	13
31	Boulogne-sur-mer	45.074	28.8	130	23	22	18	33	34
32	Troyes	46.272	28,3	131	8	23	32	36	32
33	Arles	23.491	28.0	66	25	10	9	10	12
34	Brest	70.778	27.4	194	32	37	60	35	30
35	Ivry	20.758	26.5	55	8	15	17	5	10
36	Boulogne-sur-Seine	29.406	25.1	74	4	17	17	11	25
	IV. — Villes de 10.000 à 19.999 habitants.								
1	Plumeur	11.853	130.5	195	48	52	26	25	44
»	*Douarnenez*	10.943	*101,0*	*114*	»	51	13	5	45
2	Gap	11.542	97.3	112	17	10	40	20	25
3	Halluin	14.593	71.9	106	12	26	37	17	13
4	Fécamp	12.808	67.1	86	12	48	20	5	1
5	Pantin	19.197	65.0	123	18	20	35	35	10
6	Lisieux	16.054	63.9	103	14	37	19	10	23
7	Commentry	12.338	63.6	77	17	15	26	15	4
8	Charenton	12.402	61.5	77	-	14	19	20	24
9	Courbevoie	15.538	58.7	91	5	27	20	24	15
10	Sedan	19.015	55.1	104	20	2	10	38	34
11	Abbeville	19.064	52.7	104	19	28	26	16	14
12	Le Puy	18.870	51,8	98	16	33	19	14	16
13	Saint-Chamond	14.351	51,7	74	17	28	23	2	4
14	Montceau-les-mines	15.235	51.3	78	5	16	37	13	7
15	Issy	11.962	48,7	58	7	9	14	5	23
16	Ajaccio	17.503	48,5	85	9	22	23	15	16
»	*Vierzon-ville*	10.514	*47.6*	*50*	»	23	14	6	7
17	Granville	11.620	47.4	55	10	19	18	3	5
»	*Morlaix*	14.071	*40,9*	*69*	23	*9*	7	22	*8*
18	Puteaux	15.828	46.7	73	-	13	24	16	20
19	Annonay	16.837	46.7	79	8	21	14	26	10
20	Asnières	14.953	45.8	69	8	24	20	8	9
21	Denain	17.907	44.2	79	8	12	2	17	40
22	Voiron	11.954	42.8	51	5	17	13	3	13
»	*Colombes*	13.971	*42,7*	*60*	»	18	20	15	7
23	Gentilly	13.913	40.2	56	2	5	8	16	25

XIX. — MORTALITÉ PAR DIPHTÉRIE DE 1886 A 1890 (5 ANS).

Tableau de classement des villes de plus de 10.000 habitants suivant la proportion totale des décès pour l'ensemble de la période quinquennale.

NUMÉROS d'ordre.	NUMÉROS des groupes.	VILLES.	PROPORTION p. 10.000 h.	NUMÉROS d'ordre.	NUMÉROS des groupes.	VILLES.	PROPORTION p. 10.000 h.	NUMÉROS d'ordre.	NUMÉROS des groupes.	VILLES.	PROPORTION p. 10.000 h.
1	IV	Plœmeur	139.5	36	IV	Voiron	44.8	71	IV	Caudebec	29.7
»	IV	*Dammarie*	*104,0*	»	IV	*Colombes*	*42,7*	72	IV	Saint-Dié	29.3
2	IV	Gap	97.3	37	III	Alais	41.7	73	III	Amiens	29.3
3	III	Grenoble	86.8	38	III	Lorient	41.5	»	IV	*Lambézellec*	*29,2*
4	IV	Halluin	71,0	39	IV	Gentilly	40,2	74	IV	Meaux	29,0
5	II	Marseille	69,5	40	III	Vincennes	39.6	75	III	Boulogne-sur-mer	28,8
6	IV	Fécamp	67,1	41	II	Reims	38.7	76	IV	Verdun	28,5
»	III	*Tarbes*	*64,8*	42	IV	Anzin	38,4	77	III	Troyes	28.3
7	IV	Pantin	64,0	43	III	Aubervilliers	38.3	78	IV	Saint-Servan	28.2
8	III	Bastia	64,0	44	III	Le Mans	38.3	»	IV	*Liévin*	*28,0*
9	IV	Lisieux	63,9	45	IV	Brive	38.0	79	III	Arles	28.0
10	III	Montreuil-sous-bois	63,5	46	IV	Charleville	37,7	80	III	Brest	27.4
11	IV	Commentry	62.6	47	IV	Lens	37,0	81	II	Lyon	27.3
12	IV	Charenton	61.5	48	II	Saint-Étienne	37,0	82	II	Bordeaux	26.7
13	IV	Courbevoie	58.7	49	IV	Cholet	36,9	83	III	Ivry	26.5
14	III	Levallois-Perret	58,1	50	IV	Saint-Germain-en-Laye	36,8	84	IV	Millau	26.4
15	III	Clichy	57.3	51	IV	Épernay	36.4	85	IV	Autun	26,3
16	IV	Sedan	55.1	52	III	Dieppe	36,4	86	II	Le Havre	26,2
17	III	Armentières	55.0	53	I	Paris	36,2	87	II	Rouen	26,0
18	III	Saint-Nazaire	53.3	54	IV	Hazebrouck	36,1	88	IV	Fourmies	25.8
19	IV	Abbeville	52,7	55	III	Saint-Denis	36.1	89	IV	Argenteuil	25.7
20	III	Cette	52.5	56	III	Vienne	35.4	90	III	Boulogne-sur-Seine	25.5
21	IV	Le Puy	51,8	57	III	Tourcoing	35.3	91	IV	Riom	25.0
22	IV	Saint-Chamond	51,7	58	IV	Montargis	35.1	92	IV	Wattrelos	24,9
23	IV	Montceau-les-mines	51,3	»	IV	*Bergerac*	*34.7*	93	II	Nantes	24.7
24	III	Nice	51,1	59	III	Dunkerque	34,5	»	IV	*Chantenay*	*24,6*
25	III	Saint-Ouen	51,0	60	III	Périgueux	34,3	94	IV	Fontenay-le-comte	24,5
26	IV	Issy	48.7	61	III	Castres	34,0	95	IV	Soissons	24,5
27	IV	Ajaccio	48,5	62	III	Perpignan	33,9	96	III	Le Creusot	24.2
28	III	Toulon	47.6	63	IV	Saint-Brieuc	33.8	97	II	Lille	24.1
»	IV	*Vierzon-ville*	*47,6*	64	III	Béziers	33.8	98	III	Elbeuf	23.6
29	IV	Granville	47.5	65	III	Épinal	33.2	99	II	Roubaix	23.5
»	IV	*Morlaix*	*46,9*	66	III	Albi	32.7	100	III	Nevers	23.3
30	IV	Puteaux	46.7	67	IV	Béthune	32.5	101	III	Calais	23.3
31	IV	Annonay	46.7	68	IV	Dax	32.0	102	III	Saint-Omer	23,2
32	IV	Asnières	45.6	»	IV	*Montrouge*	*31,5*	103	III	Versailles	23.0
33	IV	Denain	44.3	»	IV	*Firminy*	*30,5*	104	III	Orléans	23.0
34	III	Aix	44.3	69	IV	Rive-de-Gier	30.4	»	III	*Montluçon*	*22.9*
35	III	Montpellier	43,9	70	IV	La Seyne	30,3	»	IV	*Saint-Mandé*	*22.8*

NUMÉROS d'ordre.	NUMÉROS des groupes.	VILLES.	PROPORTION p. 10.000 h.	NUMÉROS d'ordre.	NUMÉROS des groupes.	VILLES.	PROPORTION p. 10.000 h.	NUMÉROS d'ordre.	NUMÉROS des groupes.	VILLES.	PROPORTION p. 10.000 h.
105	IV	Alençon	22,8	138	III	Niort	17.3	169	IV	Givors	10.3
106	III	Châtellerault	22.4	139	IV	Clermont-Ferrand	17,2	170	IV	Fontainebleau	10,3
107	IV	Rennes	22,0	140	IV	Maubeuge	17.0	»	IV	*Dinan*	*9,9*
108	III	Saintes	21.9	141	III	Rodez	16.8	»	IV	*Petit-Quevilly*	*9,9*
109	IV	Bourges	21,7	142	III	Laval	16,2	171	III	Châteauroux	9.9
110	III	Saint-Lô	21.6	143	IV	Limoges	16.2	172	III	Agen	9.9
»	IV	*Valenciennes*	*21,2*	144	IV	Toul	16,1	»	III	*Chambéry*	*9,6*
111	IV	Beaune	21.0	145	III	Villefranche	16,1	»	IV	*Thiers*	*9,1*
112	III	Issoudun	20.9	146	III	Châlons-sur-Marne	16,0	173	IV	Mâcon	9.1
113	IV	Douai	20.8	»	IV	*Chartres*	*15,9*	174	IV	Villeneuve-sur-Lot	8.8
114	III	Saint-Malo	20.7	»	IV	*Bessèges*	*15,8*	»	III	*Moulins*	*8.7*
115	IV	Bayonne	20.7	147	IV	Cannes	15.6	»	III	*Cherbourg*	*8,6*
116	III	Bolbec	20,6	148	III	Beauvais	15.3	175	IV	Montélimar	7.9
117	IV	Nîmes	20.6	149	IV	Neuilly	15.3	»	IV	*Sens*	*7,8*
»	III	*La Ciotat*	*20,5*	150	III	Melun	15.1	»	IV	*Flers*	*7,2*
118	III	Rochefort	20.5	151	IV	Angoulême	14.8	176	IV	Cognac	7.2
119	III	Cambrai	20,3	152	IV	Villeurbanne	14,7	»	IV	*Bailleul*	*6,9*
120	III	Besançon	20.2	»	III	*Tulle*	*14,7*	»	IV	*Vichy*	*5,8*
121	IV	Tours	20.2	153	III	Blois	14,6	177	III	Chalon-sur-Saône	5,7
122	III	Grasse	20.0	154	IV	Belfort	14.6	178	IV	Tarare	5.6
»	III	*Narbonne*	*20,0*	155	IV	Annecy	14.5	179	III	Arras	5,6
»	III	*La Rochelle*	*19,9*	156	IV	Pamiers	14.4	»	IV	*Libourne*	*5,4*
123	IV	Valence	19,5	157	IV	Évreux	14,0	»	IV	*Saint-Dizier*	*5,2*
124	III	Orange	19.4	»	IV	*Chaumont*	*13,9*	180	IV	Lons-le-Saunier	4,8
125	III	Lunéville	19.4	158	IV	Langres	13.5	»	IV	*Louviers*	*4,7*
126	IV	Montauban	19.3	159	IV	Bourg	13.4	181	IV	Auch	3,9
127	IV	Fougères	19,2	160	III	Saint-Amand (Nord)	13,2	»	IV	*La Grand'combe*	*3,5*
128	III	Saint-Maur	19.2	161	III	Saint-Quentin	12.9	182	IV	Dôle	3,0
129	IV	Carcassonne	19.1	162	IV	Dijon	12.7	»	IV	*Vitré*	*2,8*
130	IV	Mazamet	19,0	163	III	Sotteville-lès-Rouen	12.4	»	III	*Poitiers*	*2.7*
131	IV	Romans	18,8	164	IV	Nancy	12.3	»	III	*Caen*	*2,0*
132	III	Cahors	18.5	165	III	Bar-le-duc	11.9	183	IV	Pont-à-Mousson	0,8
133	IV	Avignon	18.5	»	IV	*Bernay*	*11,9*	»	IV	*Quimper*	»
134	II	Aurillac	18.4	166	IV	Compiègne	11,8	»	IV	*Auxerre*	»
135	III	Toulouse	18.0	167	III	Saumur	11,2	»	IV	*Hyères*	»
136	IV	Pau	17,8	168	III	Vannes	11.0	»	IV	*Laon*	»
137	III	La Roche-sur-Yon	17.7	»	IV	*Angers*	*10,6*	»	IV	*Mayenne*	»
								»	IV	*Les Sables-d'Olonne*	»

XX. — MORTALITÉ PAR VARIOLE

DANS LES VILLES DE PLUS DE 10.000 HABITANTS DE 1886 A 1890 (5 ANS).

Répartition numérique des villes suivant la proportion des décès pour 10.000 habitants.

		VILLES.				
		I. PARIS.	II. 100.000 à 400.000 h.	III. 20.000 à 100.000 h.	IV. 10.000 à 19.999 h.	TOTAUX.
Nombre total des villes		1	11	88	129	229
A. — Villes ayant fourni des renseignements pour la période complète. — *Proportion totale :*	de 110 à 60 décès p. 10.000 h.	-	1	4	3	8
	— 59 à 30 — —	-	-	11	6	17
	— 29 à 20 — —	-	2	6	6	14
	— 19 à 10 — —	-	2	11	7	20
	— 9 à 5 — —	-	2	7	19	28
	— 4 à 1 — —	1	3	28	21	53
	moins de 1 — —	-	1	5	15	21(1)
	néant	-	-	3	19	22(2)
	Ensemble	1	11	75	96	183
B. — Villes n'ayant fourni pour la période quinquennale que des renseignements partiels ou incomplets. — *Proportion totale :*	plus de 100 décès pour 10.000 h.	-	-	»	2	2
	— 70 à 30 — —	-	-	1	4	5
	— 19 à 10 — —	-	-	3	3	6
	— 9 à 1 — —	-	-	5	12	17
	moins de 1 — —	-	-	1	3	4(3)
	néant	-	-	3	4	7(4)
	Ensemble	-	-	13	28	41
C. — Villes n'ayant fourni aucun renseignement		-	-	-	5	5

(1) Roubaix. — Saint-Omer, Agen, Niort, Chalon-sur-Saône, Pau. — Anzin, Givors, Montargis, Caudebec, Langres, Grasse, Pont-à-Mousson, Melun, Rive-de-Gier, Autun, Villeneuve-sur-Lot, Auch, Charleville, Wattrelos, Épernay.

(2) Blois, Boulogne-sur-mer, Saint-Quentin. — Annecy, Bar-le-duc, Béthune, Bourg, Cognac, Compiègne, Denain, Fécamp, Fontenay-le-comte, Fourmies, Halluin, Issoudun, Lons-le-Saunier, Macon, Rodez, Saint-Dié, Saint-Servan, Saintes, Tarare.

(3) *Chambéry. — Petit-Quévilly, Bailleul, Bergerac.*

(4) *Moulins, La Rochelle, Tarbes. — Libourne, Saint-Mandé, Sens, Tulle.*

XXI. — MORTALITÉ PAR VARIOLE DE 1886 A 1890 (5 ANS.)

Répartition annuelle des décès dans les villes de de plus de 10.000 habitants 100.000 habitants et dans les autres villes particulièrement éprouvées.

NUMÉROS D'ORDRE.	VILLES.	POPULATION.	TOTAL DES DÉCÈS (5 ANS). Proportion p. 10.000 h.	TOTAL DES DÉCÈS (5 ANS). Nombre absolu.	NOMBRE DES DÉCÈS PAR AN. 1886.	1887.	1888.	1889.	1890.
	I. — PARIS	2.260.945	4,6	1.061	203	394	258	130	76
	II. — *Villes de 100.000 à 400.000 habitants.*								
1	Marseille	376.143	79,0	2.972	2.080	58	120	195	549
2	Le Havre	111.267	24,9	277	7	62	150	56	2
3	Saint-Étienne	117.875	23,1	273	-	2	3	78	190
4	Reims	97.903	17,6	173	114	16	40	1	2
5	Toulouse	144.712	17,1	249	5	202	37	1	4
6	Rouen	100.490	9,8	105	58	18	10	17	2
7	Lille	186.172	6,7	126	83	5	14	23	1
8	Lyon	400.410	3,8	156	9	9	56	67	15
9	Nantes	126.036	2,6	33	1	12	17	2	1
10	Bordeaux	237.078	2,0	49	37	5	4	2	1
11	Roubaix	100.479	0,6	6	2	1	1	2	-
	TOTAUX	2.004.285	22,0	4.419	2.366	390	452	464	767
	III. — *Villes de 20.000 à 100.000 habitants.*								
1	Cette	36.902	75,6	279	-	32	237	10	-
2	Brest	70.778	65,6	465	2	254	202	6	1
3	Béziers	42.844	65,1	279	4	6	91	158	20
4	Lorient	39.800	60,3	239	-	28	126	80	5
5	Perpignan	34.183	48,5	166	-	-	144	22	.
6	Bastia	20.328	40,3	82	5	69	5	3	-
»	*Narbonne*	28.378	*39,0*	*111*	»	22	50	37	2
7	Calais	58.710	38,6	227	28	175	18	.	6
8	Le Creusot	26.808	38,0	102	91	2	8	-	1
9	Saint-Nazaire	24.330	35,3	86	-	55	31	.	-
10	Nice	73.889	35,0	259	38	193	20	2	6
11	Montpellier	56.724	33,5	190	2	1	112	51	24
12	Avignon	41.007	33,4	137	14	117	-	2	4
13	Valence	24.661	32,8	81	-	-	1	69	11
14	Nevers	24.817	30,6	76	3	70	1	1	1
15	Vienne	25.495	30,3	77	-	-	9	68	.
16	Amiens	79.307	29,5	234	-	3	127	101	3
17	Albi	21.165	27,4	58	-	-	27	27	4
18	Toulon	70.054	25,1	176	135	17	1	11	11
19	Aix (B.-du-Rh.)	29.057	24,0	70	21	4	..	-	45
20	Castres	27.271	23,4	64	5	32	11	8	8
21	Bourges	42.829	22,4	96	2	3	48	43	-
»	*Roanne*	29.226	*19,8*	*58*	2	30	24	»	2
22	Saint-Denis	46.829	19,4	91	17	58	15	1	-
	III. — *Villes de 20.000 à 100.000 habitants* (Suite).								
23	Aubervilliers	21.862	17,3	38	-	18	15	2	3
24	Tours	59.211	15,5	92	44	45	2	1	-
»	*Montluçon*	26.900	*14,0*	*88*	37	»	*1*	-	-
25	Grenoble	51.017	13,6	70	-	46	21	3	-
»	*Angers*	73.044	*13,2*	*97*	»	76	*21*	»	»
26	Rennes	66.139	12,5	83	49	14	19	1	-
27	Clermont-Ferrand	46.426	12,4	58	2	52	3	-	1
28	Arles	23.491	11,0	26	1	2	7	10	6
29	Carcassonne	26.882	10,6	28	..	1	23	1	3
30	Arras	26.490	10,5	28	6	8	2	11	1
31	Laval	30.211	10,2	31	30	-	-	1	-
32	Douai	29.577	10,1	30	-	20	10	-	-
»	*Valenciennes*	27.327	9,8	27	»	8	19	.	-
33	Rochefort	31.169	8,9	28	4	1	21	2	-
»	*Caen*	45.178	*8,8*	*89*	»	*8*	29	7	-
34	Belfort	21.912	7,7	17	16	-	1	-	-
	IV. — *Villes de 10.000 à 19.999 habitants.*								
»	*Douarnenez*	10.923	*388,0*	*424*	»	30	392	1	1
»	*Lambézellec*	15.664	*138,0*	*217*	»	21	195	-	1
1	Plœmeur	11.845	107,5	127	-	12	62	47	6
2	Montceau-les-mines	15.236	92,7	141	5	77	57	-	2
3	Fougères	15.578	60,4	109	-	52	57	-	-
»	*La Ciotat*	10.689	*65,4*	*70*	»	2	3	-	65
»	*La Grand'combe*	11.341	*61,0*	*69*	»	*14*	55	»	»
4	Aurillac	14.613	58,2	85	-	-	69	15	1
5	Dax	10.327	49,8	51	-	4	43	4	-
6	Saint-Amand	12.106	41,3	50	-	-	50	-	-
7	Montélimar	14.014	41,3	58	1	1	53	2	1
»	*Quimper*	16.758	*37,7*	*63*	»	»	27	36	»
»	*Lisieux*	10.712	*35,5*	*38*	»	38	-	-	-
8	Le Puy	18.870	34,5	65	1	-	7	1	56
9	Bolbec	11.971	32,4	39	18	20	1	-	-
10	Saumur	14.186	28,3	30	4	1	28	5	.
11	Pantin	19.107	20,4	46	6	16	21	3	2
12	Lens	11.846	24,1	28	6	21	1	-	-
13	Saint-Brieuc	19.340	21,8	42	10	28	4	-	-
14	Villefranche	12.306	20,9	26	-	.	3	17	6
15	Romans	13.830	20,2	28	-	1	26	-	1
16	Cholet	16.804	19,6	33	-	11	21	1	-
»	*Dinan*	10.105	*18,8*	*19*	»	*2*	17	»	»
17	Châtellerault	17.402	16,0	28	-	15	9	4	-
18	Beauvais	18.301	15,8	29	18	-	7	4	-

XXII. — MORTALITÉ PAR VARIOLE DE 1886 A 1890 (5 ANS).

Tableau de classement des villes de plus de 10.000 habitants d'après la proportion totale des décès pour l'ensemble de la période quinquennale.

NUMÉROS D'ORDRE.	NUMÉROS DES GROUPES.	VILLES.	PROPORTION P. 10.000 H.	NUMÉROS D'ORDRE.	NUMÉROS DES GROUPES.	VILLES.	PROPORTION P. 10.000 H.	NUMÉROS D'ORDRE.	NUMÉROS DES GROUPES.	VILLES.	PROPORTION P. 10.000 H.
»	IV	*Douarnenez*	*388,0*	»	III	*Montluçon*	*14,0*	97	II	Lyon	3,8
»	IV	*Lambézellec*	*138,0*	51	III	Grenoble	13,6	»	IV	*Vichy*	*3,8*
1	IV	Plœmeur	107,5	»	III	*Angers*	*13,2*	98	III	Bayonne	3,7
2	IV	Montceau-les-mines	92,7	52	III	Rennes	12,5	99	IV	Saint-Germain-en-Laye	3,6
3	II	Marseille	79,0	53	III	Clermont-Ferrand	12,4	»	III	*Chartres*	*3,6*
4	III	Cette	75,6	54	III	Arles	11,0	100	III	Boulogne-sur-Seine	3,6
5	IV	Fougères	69,8	55	III	Carcassonne	10,6	101	III	Orléans	3,6
6	III	Brest	65,6	56	III	Arras	10,5	»	III	*Poitiers*	*3,5*
»	IV	*La Ciotat*	*65,4*	»	IV	*Louviers*	*10,3*	102	IV	Saint-Chamond	3,4
7	III	Béziers	65,1	57	IV	Granville	10,3	103	III	Nancy	3,4
»	IV	*La Grand'combe*	*61,0*	58	III	Laval	10,2	104	IV	Issy	3,3
8	III	Lorient	60,3	»	IV	*Colombes*	10,1	»	IV	*Chaumont*	*3,1*
9	IV	Aurillac	58,2	59	III	Douai	10,1	»	IV	*Flers*	*3,1*
10	IV	Dax	49,5	60	IV	Riom	9,9	105	III	Alais	3,1
11	III	Perpignan	48,5	»	III	*Valenciennes*	9,8	106	III	Le Mans	3,1
12	IV	Saint-Amand	41,3	61	II	Rouen	9,8	»	IV	*Thiers*	*3,0*
13	IV	Montélimar	41,2	»	IV	*Saint-Dizier*	*9,7*	107	III	Montauban	3,0
14	III	Bastia	40,3	62	IV	Abbeville	9,6	108	III	Épinal	2,9
»	III	*Narbonne*	*39,0*	63	III	Rochefort	8,9	109	III	Châlons-sur-Marne	2,9
15	III	Calais	38,6	»	III	*Caen*	*8,8*	110	IV	Pamiers	2,8
16	III	Le Creusot	38,0	64	IV	Orange	8,7	»	IV	*Bessèges*	*2,8*
»	IV	*Quimper*	*37,7*	»	IV	*Vitré*	*8,6*	111	IV	Villeurbanne	2,8
»	IV	*Liévin*	*35,5*	65	IV	Cannes	8,3	112	III	Ivry	2,8
17	III	Saint-Nazaire	35,3	66	IV	Sedan	8,0	113	III	Armentières	2,8
18	III	Nice	35,0	»	IV	*Chantenay*	*7,9*	114	III	Dunkerque	2,8
19	IV	Le Puy	34,3	67	IV	Argenteuil	7,8	115	III	Troyes	2,8
20	III	Montpellier	33,5	68	III	Belfort	7,7	116	III	Tourcoing	2,8
21	III	Avignon	33,4	69	IV	Saint-Lô	7,5	117	IV	Mazamet	2,7
22	III	Valence	32,9	70	IV	Millau	7,5	118	III	Vincennes	2,7
23	IV	Bolbec	32,4	71	IV	Dôle	7,4	119	III	Châteauroux	2,7
24	III	Nevers	30,6	»	IV	*Firminy*	*7,1*	120	II	Nantes	2,6
25	III	Vienne	30,3	72	IV	Annonay	7,1	121	IV	Soissons	2,5
26	III	Amiens	29,5	73	IV	Cahors	7,0	»	III	*Cherbourg*	*2,4*
27	III	Albi	27,4	74	IV	Gap	6,9	122	III	Elbeuf	2,3
28	IV	Saumur	25,3	75	IV	Maubeuge	6,8	123	IV	Verdun	2,2
29	IV	Pantin	25,1	76	II	Lille	6,7	124	III	Neuilly	2,2
30	III	Toulon	25,1	77	IV	Toul	6,6	125	IV	Fontainebleau	2,0
31	II	Le Havre	24,9	»	IV	*Vierzon-ville*	*6,6*	126	II	Bordeaux	2,0
32	IV	Lens	24,1	78	IV	Saint-Malo	6,6	127	IV	Sotteville-lès-Rouen	1,9
33	III	Aix (B.-du-Rh.)	24,0	79	IV	Charenton	6,3	128	III	Dijon	1,9
34	III	Castres	23,4	80	III	Lunéville	5,8	129	IV	Hazebrouck	1,8
35	II	Saint-Étienne	23,1	81	IV	Puteaux	5,7	130	IV	Saint-Maur	1,8
36	III	Bourges	22,4	82	III	Saint-Ouen	5,7	131	IV	Lisieux	1,8
37	IV	Saint-Brieuc	21,8	83	III	Nîmes	5,5	132	IV	Beaune	1,6
38	IV	Villefranche (Rhône)	20,9	84	III	Vannes	5,5	133	IV	Voiron	1,6
39	IV	Romans	20,2	85	III	Besançon	5,3	134	III	Cambrai	1,6
»	III	*Roanne*	*19,8*	86	IV	Ajaccio	5,1	135	III	Angoulême	1,4
40	IV	Cholet	19,6	87	IV	La Roche-sur-Yon	5,0	136	IV	Asnières	1,3
41	III	Saint-Denis	19,4	»	IV	*Montrouge*	*4,9*	137	III	Dieppe	1,3
»	IV	*Dinan*	*18,8*	88	III	Clichy	4,9	138	III	Limoges	1,3
42	II	Reims	17,6	89	IV	La Seyne	4,8	139	IV	Courbevoie	1,2
43	III	Aubervilliers	17,3	90	III	Montreuil-sous-bois	4,7	140	IV	Alençon	1,1
44	II	Toulouse	17,1	91	I	Paris	4,6				
45	IV	Châtellerault	16,0	92	III	Périgueux	4,4				
46	IV	Beauvais	15,8	93	IV	Gentilly	4,3				
47	III	Tours	15,5	94	III	Versailles	4,2				
48	IV	Commentry	15,4	95	IV	Meaux	4,0				
49	IV	Brive	14,9	»	IV	*Morlaix*	*4,0*				
50	IV	Évreux	14,6	96	III	Levallois-Perret	4,0				

(Voir ci-dessus page 83, au tableau général de répartition de la variole le nom des villes qui viendraient à la suite de cette liste.)

XXIII. — MORTALITÉ PAR FIÈVRE TYPHOIDE

DANS LES VILLES DE PLUS DE 10.000 HABITANTS DE 1886 A 1890 (5 ANS).

Répartition numérique des villes suivant la proportion des décès pour 10.000 habitants.

		VILLES. I PARIS	II 100.000 à 400.000 h.	III 20.000 à 100.000 h.	IV 10.000 à 19.999 h.	TOTAUX.
Nombre total des villes		1	11	88	129	229
A. — Villes ayant fourni des renseignements pour la période complète. Proportion totale :	de 100 à 60 décès pour 10.000 h.	-	1	6	5	12
	— 59 à 50 — —	-	1	5	3	9
	— 49 à 40 — —	-	1	6	9	16
	— 39 à 30 — —	-	1	12	11	24
	— 29 à 25 — —	-	2	7	11	20
	— 24 à 20 — —	1	1	16	18	36
	— 19 à 15 — —	-	-	12	17	29
	— 14 à 10 — —	-	4	10	10	24
	— 9 à 1 — —	-	-	1	12	13
	Ensemble	1	11	75	96	183
B. — Villes n'ayant fourni pour la période quinquennale que des renseignements partiels ou incomplets. Proportion totale :	de 100 à 60 décès pour 10.000 h.	-	-	1	4	5
	— 49 à 30 — —	-	-	2	3	5
	— 29 à 20 — —	-	-	-	4	4
	— 19 à 10 — —	-	-	6	7	13
	— 9 à 1 — —	-	-	4	9	13
	néant	-	-	-	1	1
	Ensemble	-	-	13	28	41
C. — Villes n'ayant fourni aucun renseignement		-	-	-	5	5

XXIV. — MORTALITÉ PAR FIÈVRE TYPHOÏDE DE 1886 A 1890 (5 ANS).

Répartition annuelle des décès dans les villes de 100.000 habitants et dans les autres villes de plus de 10.000 habitants particulièrement éprouvées.

NUMÉROS D'ORDRE.	VILLES.	POPULATION.	TOTAL DES DÉCÈS (5 ans).		NOMBRE DES DÉCÈS PAR AN				
			PROPORTION pour 10.000 h.	NOMBRE absolu.	1886.	1887.	1888.	1889.	1890.
	I. — PARIS	2.260.945	21,0	4.750	934	1.385	736	1.008	656
	II. — Villes de 100.000 à 400.000 habitants.								
1	Le Havre	111.267	88,5	983	82	409	288	91	113
2	Marseille	376.143	50,1	1.885	385	472	395	330	313
3	Toulouse	144.712	40,2	582	157	133	148	36	108
4	Rouen	106.495	38,4	411	80	121	87	31	102
5	Bordeaux	237.073	29,9	709	149	222	157	62	119
6	Nantes	126.058	27,8	351	59	67	62	73	90
7	Reims	97.903	20,6	202	63	32	25	56	26
8	Saint-Étienne	117.875	14,9	176	32	30	25	40	40
9	Roubaix	100.179	14,3	145	27	26	28	28	36
10	Lyon	400.410	14,3	575	145	125	87	117	101
11	Lille	188.172	10,4	195	30	35	22	51	68
	TOTAUX	2.004.285	31,0	6.216	1.148	1.701	1.314	958	1.096
	III. — Villes de 20.000 à 100.000 habitants.								
1	Lorient	39.600	98,7	391	58	40	113	89	101
2	Toulon (1)	70.084	93,2	652	252	107	103	49	81
3	Castres	27.272	82,7	226	65	34	43	58	26
4	Angoulême	34.367	77,3	266	36	132	53	31	14
»	*Cherbourg*	37.013	*76,7*	*284*	»	57	88	97	42
5	Lunéville	20.003	64,0	128	11	35	28	34	20
6	Niort	22.500	60,0	135	31	40	24	13	18
7	Montpellier	56.724	53,2	302	48	74	79	68	33
8	Béziers	42.844	51,1	219	33	52	55	37	42
9	Vannes	20.036	50,7	102	25	22	14	23	18
10	Cette	34.202	52,6	180	41	42	46	29	27
11	Bastia	20.328	50,2	103	31	12	17	19	23
12	Armentières	27.985	47,8	136	42	20	30	21	21
13	Aubervilliers	21.862	46,5	102	17	32	15	28	10
14	Arles	23.491	45,9	108	23	26	27	13	17
»	*Tarbes*	24.453	*42,4*	*104*	*6*	22	32	22	28
15	Perpignan	34.183	42,6	146	33	27	27	30	29
16	Brest	70.778	42,0	298	45	82	80	48	43
17	Troyes	46.272	40,6	188	78	25	20	32	33
18	Nice	73.889	39,1	289	35	49	90	80	35
19	Besançon	56.303	38,3	216	111	18	30	41	7
»	*Narbonne*	28.378	*38,0*	*108*	»	44	21	10	33
	III. — Villes de 20.000 à 100.000 habitants (Suite).								
20	Nîmes	69.898	38,0	266	53	48	59	42	66
21	Aix	29.057	37,8	110	13	19	29	39	10
22	Tours	59.211	35,3	209	53	54	38	41	20
23	Agen	22.121	34,3	76	25	9	12	22	8
24	Rochefort	31.169	34,2	107	21	27	23	11	25
25	Avignon	41.007	33,9	139	25	44	38	10	26
26	Montauban	29.445	32,6	96	26	18	28	6	18
27	Levallois-Perret	34.384	32,2	111	18	31	20	24	18
28	Saint-Ouen	20.812	31,2	65	4	37	10	5	9
29	Alais	22.514	30,2	68	11	17	10	18	12
30	Boulogne-sur-Seine	29.406	28,6	84	13	7	21	25	18
31	Carcassonne	26.383	28,4	75	25	8	3	17	22
32	Clermont-Ferrand	46.426	28,5	132	68	20	15	13	16
33	Albi	21.164	26,5	56	23	10	10	7	6
34	Valence	24.681	26,4	65	22	12	10	11	9
35	Saint-Nazaire	24.330	25,5	62	2	24	10	14	12
36	Nancy	79.891	25,1	199	55	32	38	52	22
37	Vienne	25.405	24,0	61	12	12	13	8	16
	IV. — Villes de 10.000 à 19.999 habitants.								
»	*Dinan*	10.105	*98,0*	*99*	*6*	*14*	*16*	43	20
1	Plœmeur	11.845	96,6	114	13	30	34	22	15
2	Brive	13.446	86,3	116	30	18	33	8	27
3	Bolbec	11.971	80,9	97	2	47	30	7	11
»	*Bergerac*	14.353	*77,7*	*112*	»	50	35	12	15
4	Millau	15.851	71,0	113	22	16	24	9	42
»	*Douarnenez*	10.523	*68,5*	*72*	»	30	12	7	23
»	*Saint-Mandé*	10.592	*64,7*	*68*	»	35	12	4	17
5	Ajaccio	17.503	64,5	113	20	18	14	32	29
6	Rodez	11.929	52,1	62	29	6	9	3	15
7	Caudebec	11.038	51,3	57	10	23	7	8	9
8	Saint-Brieuc	19.240	50,9	98	25	18	26	15	14
9	Verdun	17.501	49,7	87	10	19	40	12	6
10	Gap	11.542	48,5	56	18	16	6	2	14
»	*Tulle*	16.277	*48,4*	*79*	*8*	*11*	*16*	*16*	28
11	Charenton	12.452	48,0	60	7	9	15	14	15
12	Cahors	15.622	48,0	75	25	15	30	3	2
»	*Lambézellec*	15.664	*47,7*	*75*	»	31	9	22	13
13	Puteaux	15.628	46,7	73	4	18	20	13	18
14	Saint-Lô	10.580	46,2	49	22	6	12	2	7
15	Pamiers	10.330	46,1	48	10	19	10	3	6
16	Beauvais	18.301	40,0	75	10	6	13	22	24
17	Sotteville-lès-Rouen	15.192	40,7	62	16	19	11	6	10
18	Montceau-les-Mines	15.235	39,4	60	11	10	14	15	10
19	Courbevoie	15.538	39,3	61	4	11	26	8	12
20	Lisieux	16.064	37,8	61	8	23	8	14	8
21	Villeneuve-sur-Lot	14.693	37,4	55	22	10	9	4	10
22	Annonay	16.857	35,8	60	14	7	22	12	5
23	La Seyne	12.524	35,2	44	13	7	15	7	2
24	La Roche-sur-Yon	11.773	34,7	41	23	3	6	5	4
25	Hazebrouck	10.773	32,4	35	3	7	5	4	16
26	Mazamet	14.666	32,0	47	8	1	15	19	4

(1) Hôpital maritime de Saint-Mandrier : 1886 : 195 ; 1887 : 129 ; 1888 : 81 ; 1889 : 33 ; 1890 : 50 ; TOTAL : 487.

XXV. — MORTALITÉ PAR FIÈVRE TYPHOÏDE DE 1886 A 1890 (5 ANS).

Tableau de classement des villes de plus de 10.000 habitants suivant la proportion totale des décès pour l'ensemble de la période quinquennale.

NUMÉROS d'ordre.	NUMÉROS des groupes.	VILLES.	PROPORTION p. 10.000 h.
1	III	Lorient	98,7
»	IV	Dinan	98,0
2	IV	Péronne	96,6
3	III	Toulon	93,2
4	II	Le Havre	88,5
5	IV	Brive	86,5
6	III	Castres	82,7
7	IV	Bolbec	80,3
»	IV	Bergerac	77,7
8	III	Angoulême	77,3
»	III	Cherbourg	76,7
9	IV	Millau	71,8
»	IV	Douarnenez	66,5
»	IV	Saint-Mandé	64,7
10	IV	Ajaccio	64,5
11	III	Lunéville	62,1
12	III	Niort	60,0
13	III	Montpellier	53,2
14	IV	Rodez	52,1
15	IV	Caudebec	51,3
16	III	Béziers	51,1
17	III	Vannes	50,7
18	III	Cette	50,4
19	III	Bastia	50,2
20	II	Marseille	50,1
21	IV	Saint-Brieuc	50,0
22	IV	Verdun	49,7
23	IV	Gap	48,6
»	IV	Tulle	48,4
24	IV	Charenton	48,0
25	IV	Cahors	48,0
26	III	Armentières	47,8
»	IV	Lambézellec	47,7
27	IV	Puteaux	46,7
28	III	Aubervilliers	46,5
29	IV	Saint-Lô	46,2
30	IV	Pamiers	46,1
31	III	Arles	45,9

NUMÉROS d'ordre.	NUMÉROS des groupes.	VILLES.	PROPORTION p. 10.000 h.
»	III	Tarbes	43,4
32	III	Perpignan	42,6
33	III	Brest	42,0
34	IV	Beauvais	40,9
35	IV	Sotteville-lès-Rouen	40,7
36	III	Troyes	40,6
37	II	Toulouse	40,2
38	IV	Montceau-les-Mines	39,4
39	IV	Courbevoie	39,3
40	III	Nice	39,1
41	II	Rouen	38,4
42	III	Besançon	38,3
»	III	Narbonne	38,0
43	III	Nîmes	38,0
44	IV	Lisieux	37,8
45	III	Aix	37,8
46	IV	Villeneuve-sur-Lot	37,4
47	IV	Annonay	35,5
48	III	Tours	35,3
49	IV	La Seyne	35,2
50	IV	La Roche-sur-Yon	34,7
51	III	Agen	34,3
52	III	Rochefort	34,2
53	III	Avignon	33,9
54	III	Montauban	32,6
55	IV	Hazebrouck	32,4
56	III	Levallois-Perret	32,2
57	IV	Mazamet	32,0
58	IV	Châtellerault	31,8
59	IV	Épernay	31,7
60	III	Saint-Ouen	31,2
»	IV	Vichy	31,1
61	III	Alais	30,2
62	IV	Saint-Dié	29,9
63	II	Bordeaux	29,9
»	IV	Chantenay	29,3
64	IV	Asnières	29,1
65	IV	Compiègne	29,0

NUMÉROS d'ordre.	NUMÉROS des groupes.	VILLES.	PROPORTION p. 10.000 h.
66	IV	Évreux	28,6
67	III	Boulogne-sur-Seine	28,5
68	III	Carcassonne	28,4
69	III	Clermont-Ferrand	28,1
70	II	Nantes	27,9
71	IV	Argenteuil	27,3
»	IV	La Ciotat	27,1
72	IV	Saint-Germain-en-Laye	27,0
73	IV	Saintes	26,8
74	III	Albi	26,5
75	IV	Fontenay-le-Comte	26,4
76	III	Valence	26,4
77	IV	Halluin	26,0
78	IV	Béthune	25,9
79	IV	Saint-Servan	25,8
»	IV	Petit-Quevilly	25,7
80	III	Saint-Nazaire	25,5
81	III	Nancy	25,1
82	IV	Orange	24,2
83	IV	Lens	24,1
84	III	Vienne	24,0
85	IV	Riom	24,0
86	IV	Romans	23,9
87	III	Clichy	23,8
88	III	Châteauroux	23,6
89	III	Neuilly	23,4
90	III	Rennes	23,4
91	IV	Granville	23,2
92	III	Saint-Denis	23,2
93	IV	Auch	23,0
94	IV	Montélimar	22,7
95	III	Ivry	22,7
96	III	Aurillac	22,6
97	III	Elbeuf	22,6
98	III	Blois	22,4
99	IV	Versailles	22,2
100	III	Saumur	21,8
101	IV	Limoges	21,8
102	IV	Alençon	21,7

NUMÉROS d'ordre.	NUMÉROS des groupes.	VILLES.	PROPORTION p. 10.000 h.
»	IV	Colombes	21,4
103	IV	Annecy	21,3
104	IV	Soissons	21,1
105	I	Paris	21,0
106	IV	Mâcon	20,8
107	III	Le Mans	20,7
108	III	Périgueux	20,6
109	II	Reims	20,6
110	III	Nevers	20,5
111	IV	Dax	20,3
112	IV	Voiron	20,1
113	IV	Melun	20,1
114	IV	Le Puy	20,1
115	III	Laval	20,1
116	IV	Grasse	20,0
117	III	Amiens	20,0
118	IV	Saint-Malo	19,8
119	IV	Givors	19,8
120	IV	Bar-le-Duc	19,5
121	IV	Meaux	19,3
122	III	Pau	19,2
123	III	Grenoble	19,0
124	IV	Issoudun	18,9
125	III	Calais	18,9
126	III	Boulogne-sur-mer	18,6
127	III	Cholet	18,4
128	III	Bayonne	18,4
129	IV	Abbeville	18,2
130	III	Douai	18,2
131	IV	Langres	18,0
»	IV	Bernay	17,7
132	IV	Issy	17,6
133	III	Bourges	17,5
134	III	Tourcoing	17,5
135	IV	Denain	17,4
»	III	Montluçon	17,4
136	IV	Dôle	17,1
137	IV	Pantin	16,6

NUMÉROS d'ordre.	NUMÉROS des groupes.	VILLES.	PROPORTION p. 10.000 h.
138	IV	Cannes	16,6
139	III	Épinal	16,6
140	III	Dieppe	16,6
»	III	Caen	16,3
»	III	Chambéry	16,0
141	IV	Maubeuge	15,9
»	IV	Liévin	15,8
142	III	Chalon-sur-Saône	15,7
143	IV	Fécamp	15,6
»	III	La Rochelle	15,3
144	III	Dijon	15,3
145	IV	Autun	15,2
146	IV	Fontainebleau	15,1
147	II	Saint-Étienne	14,9
148	III	Montreuil-sous-Bois	14,6
149	III	Dunkerque	14,6
150	III	Châlons-sur-Marne	14,3
151	II	Roubaix	14,3
152	II	Lyon	14,3
153	IV	Beaune	14,2
154	III	Vincennes	14,2
155	III	Belfort	14,1
156	III	Orléans	14,0
»	III	Valenciennes	13,6
157	IV	Fougères	13,5
158	IV	Bourg	13,4
159	IV	Wattrelos	13,3
160	IV	Cognac	13,1
161	III	Saint-Quentin	13,1
162	III	Le Creusot	13,0
»	III	Poitiers	13,0
163	IV	Villefranche	12,9
164	IV	Saint-Maur	12,5
»	IV	Louviers	12,2
165	IV	Sedan	12,2
»	IV	Firminy	12,1
166	III	Cambrai	11,8
167	III	Arras	11,6

NUMÉROS d'ordre.	NUMÉROS des groupes.	VILLES.	PROPORTION p. 10.000 h.
»	IV	Chaumont	10,8
»	IV	Mortain	10,8
168	IV	Commentry	10,5
169	II	Lille	10,4
»	IV	Libourne	10,3
170	IV	Pont-à-Mousson	10,2
171	IV	Toul	9,5
172	IV	Gentilly	9,3
173	IV	Saint-Amand	9,0
174	IV	Saint-Chamond	9,0
175	IV	Charleville	8,9
176	IV	Villeurbanne	8,4
177	IV	Tarare	8,1
178	IV	Fourmies	8,1
179	IV	Lons-le-Saunier	8,0
»	IV	Breteuil	7,3
180	IV	Montargis	7,2
181	IV	Rive-de-Gier	7,0
»	III	Angers	6,7
182	III	Saint-Omer	6,1
»	IV	Montrouge	5,9
»	III	Roanne	5,8
»	IV	Vierzon-ville	5,7
»	IV	Saint-Dizier	5,2
»	IV	Sens	4,8
»	III	Chartres	4,1
»	IV	Flers	3,0
»	III	Moulins	2,7
»	IV	La Grand'Combe	2,0
183	IV	Anzin	1,9
»	IV	Vitré	1,9
»	IV	Thiers	1,8
»	IV	Quimper	»
»	IV	Auxerre	»
»	IV	Hyères	»
»	IV	Laon	»
»	IV	Mayenne	»
»	IV	Les Sables-d'Olonne	»

XXVI. — MORTALITÉ PAR ROUGEOLE

DANS LES VILLES DE PLUS DE 10.000 HABITANTS DE 1886 A 1890 (5 ANS).

Répartition numérique des villes suivant la proportion des décès pour 10.000 habitants.

		VILLES.				
		I. PARIS.	II. 100.000 à 400.000 h.	III. 20.000 à 100.000 h.	IV. 10.000 à 19.999 h.	TOTAUX.
Nombre total des villes		1	11	88	129	229
A. — Villes ayant fourni des renseignements pour la période complète. — *Proportion totale :*	de 82 à 70 décès pour 10.000 h.	-	-	-	2	2
	— 69 à 50 — —	-	-	5	1	6
	— 49 à 40 — —	-	2	6	3	11
	— 39 à 30 — —	-	1	10	6	17
	— 29 à 20 — —	1	4	21	11	37
	— 19 à 10 — —	-	4	27	36	67
	— 9 à 1 — —	-	-	6	36	42
	néant	-	-	-	1	1 (1)
	ENSEMBLE	1	11	75	96	183
B. — Villes n'ayant fourni pour la période quinquennale que des renseignements partiels ou incomplets. — *Proportion totale :*	de 100 à 40 décès p. 10.000 h.	-	-	2	3	5
	— 39 à 30 — —	-	-	2	2	4
	— 29 à 20 — —	-	-	1	4	5
	— 19 à 10 — —	-	-	2	9	11
	— 9 à 1 — —	-	-	5	4	9
	— moins de 1 —	-	-	1	2	3 (2)
	néant	-	-	-	4	4 (3)
	ENSEMBLE	-	-	13	28	41
C. — Villes n'ayant fourni aucun renseignement		-	-	-	5	5

(1) Anzin.
(2) *Moulins.* — *Louviers, Thiers.*
(3) *Flers, Libourne, Vichy, Vitré.*

XXVII. — MORTALITÉ PAR ROUGEOLE DE 1886 A 1890 (5 ANS).

Répartition annuelle des décès dans les villes de 100.000 habitants et dans les autres villes de plus de 10.000 habitants particulièrement éprouvées.

NUMÉROS D'ORDRE.	VILLES.	POPULATION.	TOTAL DES DÉCÈS (5 ans). PROPORTION pour 10.000 h.	TOTAL DES DÉCÈS (5 ans). NOMBRE absolu.	NOMBRE DES DÉCÈS PAR AN. 1886.	1887.	1888.	1889.	1890.
	I. — PARIS	2.260.945	28,7	6.498	1.210	1.688	915	1.190	1.495
	II. — Villes de 100.000 à 400.000 habitants.								
1	Lille	186.172	42,0	782	58	310	218	96	100
2	Reims	97.903	40,2	394	81	27	183	36	67
3	Marseille	376.143	35,9	1.352	192	210	331	324	295
4	Roubaix	100.179	28,3	286	2	41	40	113	90
5	Saint-Étienne	111.875	22,5	266	89	48	48	70	11
6	Le Havre	111.267	22,3	248	15	1	61	3	168
7	Rouen	106.495	20,3	218	12	45	43	103	15
8	Bordeaux	237.073	17,2	410	5	197	99	46	63
9	Toulouse	144.712	16,3	237	43	80	2	30	82
10	Lyon	400.410	13,6	549	145	69	181	86	68
11	Nantes	126.056	10,7	136	6	37	22	1	70
	TOTAUX	2.004.285	24,3	4.878	648	1.065	1.228	908	1.029
	III. — Villes de 20.000 à 100.000 habitants.								
1	Cette	36.902	67,4	249	24	185	4	18	18
2	Rochefort	31.169	60,8	190	-	126	6	1	57
3	Castres	27.272	54,5	149	33	29	30	27	30
4	Lorient	39.600	52,0	206	81	5	12	4	104
5	Clichy	26.002	51,5	134	22	42	37	14	19
»	*Cherbourg*	37.013	*49,0*	*181*	»	100	3	1	77
6	Boulogne-sur-mer	45.074	48,1	217	47	43	9	1	117
7	Saint-Ouen	20.812	46,6	97	7	31	5	16	38
8	Montpellier	56.724	45,6	259	1	137	2	-	119
9	Béziers	42.844	44,8	192	23	7	50	20	92
10	Boulogne-sur-Seine	29.406	44,5	131	25	13	41	11	41
11	Dieppe	22.762	42,1	96	17	1	1	77	-
»	*Narbonne*	28.378	*40,8*	*116*	»	82	-	6	28
»	*Tarbes*	24.453	*38,9*	*95*	»	40	54	1	-
12	Le Creusot	26.803	38,8	104	61	1	17	17	8
13	Carcassonne	26.383	38,2	101	17	50	11	16	7
»	*Poitiers*	36.878	*37,1*	*137*	»	72	»	»	*65*
14	Périgueux	29.095	36,4	106	1	53	1	1	50
15	Saint-Denis	46.829	34,8	163	14	41	19	34	55
16	Bastia	20.328	34,4	70	-	68	2	-	-
17	Angoulême	34.367	32,8	113	17	31	2	1	62
18	Saint-Omer	21.149	32,7	69	39	1	3	-	26
19	Levallois-Perret	34.384	32,5	112	9	61	15	7	20
	IV. — Villes de 10.000 à 19.999 habitants.								
»	*Douarnenez*	10.923	*95,8*	*104*	»	32	-	-	72
1	Gap	11.542	82,6	95	-	15	17	24	39
2	Halluin	14.596	70,5	103	-	-	57	-	46
»	*Lambézellec*	15.664	*57,9*	*91*	»	36	1	-	54
3	Brive	13.445	53,7	72	1	28	9	-	34
4	Millau	15.851	49,6	79	40	-	13	-	26
5	Saint-Servan	12.374	47,5	59	-	57	-	-	2
»	*La Ciotat*	10.689	*46,7*	*50*	»	3	1	36	10
6	Gentilly	13.913	40,2	56	1	16	2	27	10
7	Ajaccio	17.503	38,8	68	-	18	8	-	42
8	Pantin	19.197	34,8	67	4	11	5	32	15
»	*Bergerac*	14.353	*34,1*	*49*	7	6	10	3	23
9	Saint-Brieuc	19.240	33,8	65	-	28	10	-	27
10	Mazamet	14.666	32,6	48	19	-	10	9	10
11	Hazebrouck	10.773	31,4	34	5	-	1	28	-

XXVIII. — MORTALITÉ PAR SCARLATINE

DANS LES VILLES DE PLUS DE 10.000 HABITANTS DE 1886 À 1890 (5 ANS).

Répartition numérique des villes suivant la proportion des décès pour 10.000 habitants.

		VILLES. I. PARIS.	II. 100.000 à 400.000 h.	III. 20.000 à 100.000 h.	IV. 10.000 à 19.999 h.	TOTAUX.
Nombre total des villes		1	11	88	129	229
A. — Villes ayant fourni des renseignements pour la période quinquennale complète. Proportion totale :	de 35 à 15 décès pour 10.000 h.	-	-	1	3	4
	— 14 à 10 — —	-	-	4	4	8
	— 9 à 5 — —	1	3	12	21	37
	— 4 à 3 — —	-	2	22	27	51
	— 2 à 1 — —	-	6	28	25	59
	moins de 1 — —	-	-	6	3	9
	néant	-	-	2	13	15 (1)
	Ensemble	1	11	75	96	183
B. — Villes n'ayant fourni pour la période quinquennale que des renseignements partiels ou incomplets. Proportion totale :	de 14 à 5 décès pour 10.000 h.	-	-	3	7	10
	— 4 à 3 — —		-	-	5	5
	— 2 à 1 — —	-	-	6	4	10
	moins de 1 — —	-	-	4	5	9
	néant	-	-	-	7	7 (2)
	Ensemble	-	-	13	28	41
C. — Villes n'ayant fourni aucun renseignement		-	-	-	5	5

(1) Albi, Alençon, Caudebec, Elbeuf, Fécamp, Millau, Orange, Pont-à-Mousson, Saint-Amand, Saint-Malo, Saumur, Sotteville-lès-Rouen, Villefranche, Villeneuve-sur-Lot, Voiron.
(2) *Bessèges, Dinan, Flers, La Grand'combe, Liévin, Quimper, Vitré.*

XXIX. — MORTALITÉ PAR SCARLATINE DE 1886 A 1890 (5 ANS).

Répartition annuelle des décès dans les villes de 100.000 habitants et dans les autres villes de plus de 10.000 habitants particulièrement éprouvées.

NUMÉROS D'ORDRE.	VILLES.	POPULATION.	TOTAL DES DÉCÈS (5 ans). Proportion pour 10.000 h.	TOTAL DES DÉCÈS (5 ans). Nombre absolu.	NOMBRE DE DÉCÈS PAR AN. 1886.	1887.	1888.	1889.	1890.
	I. — PARIS	2.260.945	5,3	1.213	403	224	193	170	223
	II. — Villes de 100.000 à 400.000 habitants.								
1	Reims	97.923	6,9	68	15	28	13	8	4
2	Roubaix	100.179	6,7	68	23	21	7	7	10
3	Saint-Étienne	117.875	6,1	72	8	44	14	4	2
4	Lyon	400.410	4,2	172	45	52	34	23	18
5	Le Havre	111.267	3,3	37	3	5	16	8	5
6	Bordeaux	237.073	2,4	57	13	5	15	15	9
7	Lille	186.172	2,3	43	14	12	9	6	2
8	Rouen	106.495	2,1	23	3	4	14	2	–
9	Nantes	126.056	1,9	25	2	8	12	1	2
10	Marseille	376.143	1,6	63	18	12	19	4	10
11	Toulouse	144.712	1,5	23	1	6	8	4	4
	TOTAUX	2.004.285	3,2	651	145	197	161	82	66
	III. — Villes de 20.000 à 100.000 habitants.								
1	Castres	27.272	18,3	50	5	11	13	13	8
2	Besançon	56.303	13,4	76	1	43	16	5	11
3	Épinal	20.408	12,2	25	2	20	2	–	1
4	Le Creusot	26.803	11,5	31	3	2	–	4	22
5	Bastia	30.328	11,3	23	2	3	5	1	12
6	Bourges	42.829	9,1	39	31	2	3	2	1
7	Armentières	27.985	8,2	23	1	16	3	1	2
8	Orléans	60.448	8,1	49	7	1	7	22	12
9	Aubervilliers	21.862	7,7	17	4	2	2	1	8
10	Amiens	79.307	6,9	55	–	11	39	–	–
»	*Roanne*	29.226	*6,8*	*20*	*6*	12	»	»	2
11	Saint-Denis	46.829	6,4	30	17	3	2	4	4
12	Boulogne-sur-Seine	29.406	6,1	18	4	4.	5	1	4
»	*Moulins*	21.721	*5,9*	*13*	13	»	»	»	»
13	Dijon	61.941	5,9	37	15	6	3	7	6
»	*Montluçon*	26.960	*5,9*	*16*	»	»	*1*	14	1
14	Saint-Ouen	20.812	5,7	12	2	3	2	3	2
15	Chalon-sur-Saône	23.717	5,7	13	2	3	3	3	2
16	Saint-Quentin	47.002	5,5	26	16	2	3	4	1
17	Grenoble	51.017	5,2	27	5	4	1	11	6
	IV. — Villes de 10.000 à 19.999 habitants.								
1	Gap	11.542	34,7	40	–	7	12	17	4
2	Riom	10.030	25,9	26	6	4	10	4	2
3	Le Puy	18.870	21,1	40	1	3	29	6	1
»	*Vierzon-ville*	10.514	*12,3*	*13*	»	6	6	–	1
4	Plœmeur	11.845	11,8	14	4	4	–	4	2
5	Toul	10.459	11,4	12	–	4	2	3	3
6	Brive	13.445	11,1	15	2	4	2	–	7
7	Langres	11.111	10,8	12	–	1	11	–	–
8	Beauvais	18.301	9,2	17	–	–	11	4	2
9	Pamiers	10.350	8,6	9	–	1	4.	2	2

XXX. — MORTALITÉ PAR COQUELUCHE

DANS LES VILLES DE PLUS DE 10.000 HABITANTS DE 1886 A 1890 (5 ANS).

Répartition numérique des villes suivant la proportion des décès pour 10.000 habitants.

		VILLES.				
		I. PARIS.	II. 100.000 à 400.000 h.	III. 20.000 à 100.000 h.	IV. 10.000 à 19.999 h.	TOTAUX.
Nombre total des villes		1	11	88	129	229
A. — Villes ayant fourni des renseignements pour la période quinquennale complète. — *Proportion totale :*	de 65 à 30 décès p. 10.000 h.	-	-	4	3	7
	— 29 à 20 — —	-	1	3	3	7
	— 19 à 10 — —	-	2	10	15	36
	— 9 à 5 — —	1	4	23	28	56
	— 4 à 1 — —	-	4	24	35	63
	moins de 1 — —	-	-	2	8	10 (1)
	néant (aucun décès)	-	-	-	4	4 (2)
	ENSEMBLE	1	11	75	96	183
B. — Villes n'ayant fourni pour la période quinquennale que des renseignements partiels ou incomplets. — *Proportion totale :*	de 29 à 20 décès p. 10.000 h.	-	-	-	3	3
	— 19 à 10 — —	-	-	1	4	5
	— 9 à 5 — —	-	-	1	4	5
	— 4 à 1 — —	-	-	7	9	16
	moins de 1 — —	-	-	3	5	8 (3)
	néant (aucun décès)	-	-	1	3	4 (4)
	ENSEMBLE	-	-	13	28	41
C. — Villes n'ayant fourni aucun renseignement		-	-	-	5	5

(1) Montpellier, Laval. — Riom, Dax, Langres, Dôle, Soissons, Cholet, Verdun, Beauvais.
(2) Compiègne, Montargis, Pont-à-Mousson, Villefranche.
(3) *Angers, Chartres, La Rochelle, Dinan, Vitré, La Grand'combe, Saint-Dizier, Libourne.*
(4) *Poitiers. — Louviers, Quimper, Saint-Mandé.*

XXXI. — MORTALITÉ PAR COQUELUCHE DE 1886 A 1890 (5 ANS).

Répartition annuelle des décès dans les villes de 100.000 habitants et dans les autres villes de plus de 10.000 habitants particulièrement éprouvées.

NUMÉROS D'ORDRE.	VILLES.	POPULATION.	TOTAL DES DÉCÈS (5 ANS). PROPORTION p. 10.000 h.	TOTAL DES DÉCÈS (5 ANS). NOMBRE absolu.	NOMBRE DE DÉCÈS PAR AN. 1886.	1887.	1888.	1889.	1890.
	I. — PARIS	2.260.945	9,9	2.259	564	424	262	518	491
	II. — *Villes de 100.000 à 400.000 habitants.*								
1	Roubaix	100.119	23,5	238	56	26	52	45	59
2	Lille	186.172	19,4	362	71	98	92	37	64
3	Reims	97.903	17.4	171	39	43	6	34	49
4	Le Havre	111.267	9,9	110	28	20	20	5	37
5	Bordeaux	237.073	9.4	225	43	58	45	49	30
6	Marseille	376.143	7,3	275	30	57	86	59	43
7	Saint-Étienne	117.875	5,6	67	11	2	20	10	24
8	Lyon	400.410	4.3	176	60	21	37	22	36
9	Nantes	126.056	4,3	55	15	13	2	10	15
10	Rouen	106.495	3,3	36	4	4	11	14	3
11	Toulouse	144.712	2,9	43	6	6	10	11	10
	TOTAUX	2.004.285	8,7	1.758	363	348	381	296	370
	III. — *Villes de 20.000 à 100.000 habitants.*								
1	Dunkerque	38.240	45,0	172	22	34	41	66	9
2	Armentières	27.985	43,5	122	31	4	48	7	32
3	Castres	27.272	36,6	100	27	23	20	12	18
4	Saint-Quentin	47.002	32,7	154	94	4	19	1	36
5	Clichy	26.002	24,6	64	19	4	20	3	18
6	Saint-Ouen	20.812	23,0	48	6	6	9	8	19
7	Douai	29.577	20,6	61	7	1	26	2	25
8	Aix (Bouches-du-Rhône)	29.057	19,9	58	11	1	12	13	21
9	Tourcoing	56.986	19,8	113	29	5	22	31	26
10	Bastia	30.328	18,2	37	1	1	12	7	16
11	Montreuil-sous-bois	21.127	17,5	37	7	6	4	11	9
12	Saint-Omer	21.149	17.5	37	22	3	1	3	8
13	Saint-Denis	46.829	17,5	82	15	31	4	24	8
14	Ivry	20.756	16,4	34	8	1	5	4	16
15	Béziers	42.844	15,8	68	24	6	12	4	22
16	Albi	21.164	15.1	32	21	5	1	1	4
17	Saint-Nazaire	24.330	14,4	35	8	7	1	16	3
18	Boulogne-sur-mer	45.074	13,9	63	-	13	32	-	18
19	Périgueux	29.095	13,0	38	1	29	2	6	-
20	Lorient	39.600	12,8	51	10	15	12	2	12
21	Aubervilliers	21.862	12.7	28	3	11	1	3	10
22	Calais	58.710	12,7	75	13	8	16	26	12
23	Boulogne-sur-Seine	29.406	12,5	37	2	7	4	18	6
24	Bayonne	26.563	12,0	32	1	2	16	4	9
»	*Montluçon*	26.960	*11.1*	*30*	*1*	»	»	17	12
25	Vannes	20.036	11.0	22	-	13	6	3	-
26	Limoges	68.291	10,8	74	1	54	7	1	11
	IV. — *Villes de 10.000 à 19.999 habitants.*								
1	Gap	11.542	63,4	73	3	15	21	17	17
2	Brive	13.445	52,2	70	2	18	12	12	26
3	Halluin	14.596	31,5	46	3	16	10	6	11
4	Pamiers	10.350	29,8	31	-	12	10	8	1
»	*Firminy*	13.992	*27,6*	*38*	13	*1*	*1*	*10*	13
»	*Douarnenez*	10.923	*25,6*	*28*	»	14	-	-	14
5	Pantin	19.197	23,3	43	6	5	17	11	4
6	Mazamet	14.666	23,1	34	5	-	16	10	3
»	*Bailleul*	13.862	*20,8*	*28*	*3*	3	»	18	4
7	Hazebrouck	10.773	19,4	21	11	2	[illegible]	2	6
8	Wattrelos	17.183	18,0	31	23	[illegible]	2	6	-
»	*Bessèges*	10.653	*17,7*	*19*	2	15	2	»	»
9	Gentilly	13.913	17,2	24	7	5	8	1	3
»	*Liévin*	10.713	*16,8*	*18*	»	1	8	1	8
10	Denain	17.807	16,8	30	1	3	10	8	8

STATISTIQUE SANITAIRE DES VILLES DE FRANCE.

TABLEAU ANNEXE

INDIQUANT

LES ÉTABLISSEMENTS SPÉCIAUX

DANS LESQUELS SE PRODUIT UN NOMBRE DE DÉCÈS

SUSCEPTIBLE D'EXERCER UNE INFLUENCE PLUS OU MOINS CONSIDÉRABLE

SUR LA

MORTALITÉ GÉNÉRALE DES VILLES OU COMMUNES.

TABLEAU ANNEXE INDIQUANT LES ÉTABLISSEMENTS DANS LESQUELS SE PRODUIT UN NOMBRE DE DÉCÈS

SUSCEPTIBLE D'EXERCER UNE INFLUENCE PLUS OU MOINS CONSIDÉRABLE SUR LA MORTALITÉ GÉNÉRALE DES VILLES OU COMMUNES.

N°s D'ORDRE ALPHABÉTIQUE.	VILLES.	DÉPARTEMENTS.	POPULATION.	NATURE DES ÉTABLISSEMENTS.	MOYENNE ANNUELLE DU NOMBRE DES DÉCÈS DANS L'ÉTABLISSEMENT (1).
1	Agen	Lot-et-Garonne	22.121	Quartier d'aliénés de Saint-Jacques	30
				Asile de vieillards	50
2	Aix	Bouches-du-Rhône	29.057	Asile départemental d'aliénés de La Trinité	80
3	Albi	Tarn	21.164	Asile d'aliénés	40
4	Alençon	Orne	17.550	Asile départemental d'aliénés	45
5	Armentières	Nord	27.985	—	100
6	Arras	Pas-de-Calais	26.490	Asile de vieillards	180
7	Auch	Gers	15.204	Asile d'aliénés	40
				Asile de vieillards	30
8	Aurillac	Cantal	16.613	Quartier d'aliénés	30
9	Auxerre	Yonne	17.466	Asile départemental d'aliénés	60
				Asile de vieillards	50
10	Avignon	Vaucluse	41.007	Asile départemental d'aliénés de Montdevergues	160
				Asile de vieillards	150
11	Bailleul	Nord	13.362	Asile départemental d'aliénés	110
12	Beauvais	Oise	18.801	Asile de vieillards	120
13	Berck-sur-mer	Pas-de-Calais	5.187	Hôpital maritime des enfants	30
14	Blois	Loir-et-Cher	21.761	Asile départemental d'aliénés	50
				Asile de vieillards	100
15	Bordeaux	Gironde	237.078	Asile départemental d'aliénés	60
				Asile de vieillards	200
16	Boulogne-sur-mer	Pas-de-Calais	45.074		80
17	Bourg	Ain	17.871	Asiles d'aliénés Saint-Georges et Sainte-Madeleine	180
18	Bourges	Cher	42.826	Asile départemental d'aliénés	35
19	Brest	Finistère	70.778	Hôpitaux de la marine	250*
20	Caen	Calvados	44.178	Asile d'aliénés de Bon-Sauveur	120
				Asile de vieillards	150
21	Calais	Pas-de-Calais	58.716	—	90
22	Carcassonne	Aude	26.283	—	60
23	Chalon-sur-Saône	Saône-et-Loire	23.715	Asile départemental d'aliénés	40
24	Chalons-sur-Marne	Marne	23.757	—	70
25	Charité (La)	Nièvre	5.455	—	30
26	Chartres	Eure-et-Loir	21.903	Asile de vieillards	120
27	Châteauroux	Indre	22.038		100
28	Cherbourg	Manche	37.013	Hôpitaux de la marine	120*
29	Clermont	Oise	5.320	Asile d'aliénés	175
30	Clermont-Ferrand	Puy-de-Dôme	46.426	Asile d'aliénés Sainte-Marie de l'Assomption	50
				Asile de vieillards	40
31	Dijon	Côte-d'or	61.941	Asile départemental d'aliénés de la Chartreuse	60
32	Dôle	Jura	13.420	Asile départemental d'aliénés des Carmes	75
33	Elbeuf	Seine-inférieure	21.665	Asile de vieillards	130
34	Évreux	Eure	17.046	Asile départemental d'aliénés	60
35	Gentilly	Seine	13.913	Bicêtre — Quartier d'aliénés	80
				Bicêtre — Asile de vieillards	360
36	Havre (Le)	Seine-inférieure	111.267	Asile de vieillards	40
37	Issoudun	Indre	14.820	—	60
38	Issy	Seine	11.862	—	150
39	Ivry	Seine	20.766	—	300
40	Laval	Mayenne	30.211	—	90
41	Limoges	Haute-Vienne	68.201	Asile d'aliénés	120
42	Limoux	Aude	6.810	Asile d'aliénés de Saint-Joseph de Cluny	40
43	Lisieux	Calvados	16.055	Asile de vieillards	150
44	Lorient	Morbihan	39.600	Hôpitaux de la marine	120*
45	Lyon	Rhône	400.410	Asile d'aliénés Saint-Jean-de Dieu	100
46	Mâcon	Saône-et-Loire	19.669	Asile de vieillards	80
47	Mans (Le)	Sarthe	57.378	Asile départemental d'aliénés	60
48	Marseille	Bouches-du-Rhône	376.143	Asile départemental d'aliénés de Saint-Pierre	150
				Asile de vieillards	200
49	Mayenne	Mayenne	10.845	Asile départemental d'aliénés de La Roche-Gandon	60
				Asile de vieillards de la Cocconière	40
50	Montauban	Tarn-et-Garonne	29.445	Quartier d'aliénés Saint-Jacques	60
51	Montpellier	Hérault	56.726	Quartier d'aliénés Saint-Charles	55
52	Morlaix	Finistère	14.671	Quartier d'aliénés	45
53	Nanterre	Seine	5.592	Établissement pénitentiaire et hospitalier	838(1)
54	Nantes	Loire-inférieure	126.056	Quartier d'aliénés	90
				Asile de vieillards	250
55	Neuilly-sur-Marne	Seine-et-Oise	6.097	— de la Ville-Evrard	300
56	Nice	Alpes-maritimes	73.889	Asile d'aliénés	200
57	Nîmes	Gard	69.898	Asile de vieillards	200
58	Niort	Deux-Sèvres	22.509	Quartier d'aliénés de la Providence	75
59	Orléans	Loiret	60.448	Quartier d'aliénés	50
60	Pau	Basses-Pyrénées	30.102	Asiles d'aliénés de Saint-Luc	75
61	Périgueux	Dordogne	29.695	Asile de vieillards	80
62	Poitiers	Vienne	36.878	Quartier d'aliénés	30
63	Privas	Ardèche	7.600	Asile d'aliénés de Sainte-Marie de l'Assomption	65
64	Puy (Le)	Haute-Loire	18.870	Asile d'aliénés de Montredon	45
65	Quimper	Finistère	16.748	Asile départemental d'aliénés de Saint-Athanase	50
66	Reims	Marne	97.903	Asile de vieillards	130
67	Rennes	Ille-et-Vilaine	66.139	Asile départemental d'aliénés de Saint-Méen	75
				Asile de vieillards	200
68	Roanne	Loire	29.226	—	180
69	Roche-sur-Yon (La)	Vendée	11.173	Asile départemental	35
70	Rochefort	Charente-infre	31.169	Hôpital de la marine	60
71	Rochelle (La)	—	25.108	Asile départemental d'aliénés de Lafond	40
72	Rodez	Aveyron	14.929	Asile départemental d'aliénés	30
73	Saint-Brieuc	Côtes-du-nord	19.250	Quartier d'aliénés	50
74	Saint-Dizier	Haute-Marne	13.392	Asile départemental d'aliénés	75
75	Saint-Étienne	Loire	117.875	Asile de vieillards	120
76	Saint-Lô	Manche	10.580	Asile d'aliénés du Bon-Sauveur	35
77	Saint-Mandé	Seine	10.492	Hôpital militaire de Vincennes	?
78	Saint-Maurice	Seine	6.500	Asile national d'aliénés de Charenton	65
79	Saint-Omer	Pas-de-Calais	21.149	Asile de vieillards	100
80	Sotteville	Seine-inférieure	15.192	Asile départemental d'aliéné de Quatre-mares	95
81	Toulon-La-Seyne	Var	82.578	Hôpitaux de la marine (Toulon et Saint-Mandrier)	250
82	Toulouse	Haute-Garonne	144.712	Asile départemental d'aliénés	100
83	Tours	Indre-et-Loire	59.211	Quartier d'aliénés	65
84	Troyes	Aube	46.972	Asile d'aliénés	?
85	Valenciennes	Nord	27.327	Asile de vieillards	100
86	Vanves	Seine	5.936	Asile d'aliénés	25
87	Villeurbanne	Rhône	14.177	Asile départemental d'aliénés de Bron	120

(1) Le nombre moyen des décès annuels a été évalué *approximativement*, d'une part, d'après la statistique des asiles d'aliénés publiée pour les années 1885 et 1886 dans la *Statistique générale de France (Ministère du commerce)* et, d'autre part, d'après les renseignements fournis par les villes sur le bulletin de statistique sanitaire mensuelle de l'année 1890.

(1) Ce chiffre est le total des décès pour l'année 1890.

* Pour les hôpitaux de la marine voici, d'après les renseignements fournis par la DIRECTION DU SERVICE DE SANTÉ DE LA MARINE, le nombre des décès relevés pendant chacune des cinq années 1886-1890 :

	1886	1887	1888	1889	1890	Totaux
Brest	313	291	258	207	238	1.307
Cherbourg	97	114	135	150	108	604
Lorient	121	88	160	96	132	596
Rochefort	73	62	61	52	67	319
Toulon-La-Seyne	309	312	233	241	313	1.308

STATISTIQUE SANITAIRE DES VILLES DE FRANCE.

ANNEXES.

STATISTIQUE PAR PÉRIODES HEBDOMADAIRES
DES ADMISSIONS ET DES DÉCÈS
AYANT POUR CAUSES LES MALADIES CI-APRÈS:

FIÈVRE TYPHOIDE, VARIOLE, DIPHTÉRIE, ROUGEOLE ET SCARLATINE,

DANS LES HOPITAUX DE PARIS ET DE LYON,

DE SEPTEMBRE 1889 A DÉCEMBRE 1890.

RÉCAPITULATION DES BULLETINS HEBDOMADAIRES

FOURNIS

PAR L'ADMINISTRATION GÉNÉRALE DE L'ASSISTANCE PUBLIQUE A PARIS

ET PAR L'ADMINISTRATION DES HOSPICES DE LYON

HOPITAUX

STATISTIQUE PAR PÉRIODES HEBDOMADAIRES DES ADMISSIONS ET DES

FIÈVRE TYPHOIDE, VARIOLE,

Du 6 septembre 1889

SEMAINES. N° d'ordre.	DATES.	ADMISSIONS. Fièvre typhoïde.	Variole.	Diphtérie. Enfants.	Adultes.	Totaux.	Rougeole. Enfants.	Adultes.	Totaux.	Scarlatine. Enfants.	Adultes.	Totaux.	TOTAUX.	DÉCÈS. Fièvre typhoïde.	Variole.	Diphtérie. Enfants.	Adultes.	Totaux.	Rougeole. Enfants.	Adultes.	Totaux.	Scarlatine. Enfants.	Adultes.	Totaux.	TOTAUX.
	Année 1889.																								
36	6 sep. au 12 sep.	65	15	»	»	35	»	»	»	»	»	»	115	»	»	»	»	»	»	»	»	»	»	»	»
37	13 — 19 —	76	3	»	»	37	»	»	»	»	»	»	116	»	»	»	»	»	»	»	»	»	»	»	»
38	20 — 26 —	107	15	»	»	62	»	»	»	»	»	»	184	»	»	»	»	»	»	»	»	»	»	»	»
39	27 — 3 oct.	54	11	»	»	33	»	»	»	»	»	»	98	»	»	»	»	»	»	»	»	»	»	»	»
40	4 oct. au 10 —	51	9	»	»	22	»	»	»	»	»	»	82	»	»	»	»	»	»	»	»	»	»	»	»
41	11 — 17 —	48	10	»	»	30	»	»	»	»	»	»	88	»	»	»	»	»	»	»	»	»	»	»	»
42	18 — 24 —	39	9	»	»	34	»	»	»	»	»	»	82	»	»	»	»	»	»	»	»	»	»	»	»
43	25 — 31 —	39	8	»	»	26	»	»	»	»	»	»	73	»	»	»	»	»	»	»	»	»	»	»	»
44	1er nov. au 7 nov.	50	10	»	»	29	»	»	»	»	»	»	89	»	1	»	»	9	»	»	»	»	»	»	10
45	8 — 14 —	98	10	»	»	46	»	»	»	»	»	»	154	9	»	»	»	19	»	»	»	»	»	»	28
46	15 — 21	73	8	»	»	40	»	»	»	»	»	»	121	3	»	»	»	21	»	»	»	»	»	»	24
47	22 — 28 —	162	10	»	»	39	»	»	»	»	»	»	211	15	1	»	»	21	»	»	»	»	»	»	37
48	29 — 5 déc.	200	7	»	»	48	22		22	4	2	6	287	22		»	»	26	6		6	»	»	»	54
49	6 déc. au 12 —	98	6	»	»	28	26	4	30	15	4	19	181	15		»	»	14	2		2	»	»	»	31
50	13 — 19 —	51	9	»	»	29	15	1	16	5	2	7	112	8		»	»	27	2		2	»	»	»	37
51	20 — 26 —	22	5	»	»	15	8		8	4	3	7	57	7		»	»	12	2		2	»	»	»	21
52	27 — 2 janv.	15	6	»	»	32	14		14	7	3	10	76	18	1	»	»	17	9		9	»	»		45
	Année 1890.																								
1	3 jan. au 9 jan.	17	4	»	»	31	7		7	10	4	14	81	8		»	»	18	5		5	2		2	33
2	10 — 16	18	20	»	»	30	11	3	15	5	6	11	94	3		»	»	15	4		4				22
3	17 — 23 —	13	10	»	»	35	10	2	12	10	5	15	85	3	2	»	»	11				1		1	17
4	24 — 30 —	25	12	»	»	42	13	2	15	10	5	15	109	5		»	»	25	6		6	1		1	37
5	31 — 6 fév.	24	6	»	»	50	37	5	42	6	1	7	129	3		»	»	23	5		5	1			32
6	7 fév. au 13 —	25	8	61		62	50	2	52	7	4	11	157	-	1	31		31	5		5				36
7	14 — 20	25	11	52	2	54	32	6	38	8	1	9	136	7	1	34	1	35	10		10			-	53
8	21 — 27 —	25	17	55	1	56	22	13	35	8	7	15	148	1	2	35	1	36	11	2	13			-	52
9	28 — 6 mars	17	6	50		50	44	13	57	8	4	12	142	5	-	27		27	7	1	8				40
10	7 mars au 13 —	13	5	37	2	39	19	6	25	10	3	13	95	1	3	33		33	6		6				43
11	14 — 20 —	18	8	51	3	54	40	8	48	6	4	10	138	2	-	28		28	17		17	2		2	49
12	21 — 27 —	13	12	62	2	64	46	6	52	13	3	16	154	6	1	22		22	13		13	1		1	41
13	28 — 3 avril	20	15	60	1	61	56	6	62	6	1	7	156	4	1	38		38	10		10			-	53
14	4 avril au 10 —	16	6	56	2	58	35	6	41	6	7	13	134	1	1	28	-	28	7	-	7	2		2	38
15	11 — 17	13	9	50	4	54	48	6	54	15	11	26	150	3	2	35		35	16		16	4	-	6	56
16	18 — 24 —	27	12	33	2	35	27	12	39	6	8	14	128	3	1	30	1	31	15		15	1	-	1	51
17	25 — 1er mai	18	7	40	1	41	35	5	40	7	7	14	135	3	2	23		24	15	-	15	-	-		44
18	2 mai au 8 —	20	9	47	3	50	39	5	44	3	9	12	130	4	1	30	1	31	2	2	4	1	2	3	43
19	9 — 15 —	11	7	60	1	61	50	15	65	13	6	19	162	1	-	29	-	29	3		3	1		1	35
	A reporter	850	180	731	21	973	528	118	714	156	96	232	2.669	61	19	511	6	516	154	5	159	19	2	21	764

PARIS

ÈS AYANT POUR CAUSES LES MALADIES ÉPIDÉMIQUES CI-APRÈS :

HÉRIE, ROUGEOLE ET SCARLATINE.

er janvier 1891.

SEMAINES. N° d'ordre.	DATES.	ADMISSIONS. Fièvre typhoïde.	Variole.	Diphtérie. Enfants.	Adultes.	Totaux.	Rougeole. Enfants.	Adultes.	Totaux.	Scarlatine. Enfants.	Adultes.	Totaux.	TOTAUX.	DÉCÈS. Fièvre typhoïde.	Variole.	Diphtérie. Enfants.	Adultes.	Totaux.	Rougeole. Enfants.	Adultes.	Totaux.	Scarlatine. Enfants.	Adultes.	Totaux.	TOTAUX.
	Année 1890 (Suite).																								
	Report	850	180	731	21	973	528	118	714	156	96	232	2.669	61	19	414	5	510	148	5	153	19	2	21	764
20	10 mai au 22 mai	9	14	38	-	38	50	9	59	10	7	17	146	5	1	29	-	29	15		15		-	-	47
21	23 — 29 —	31	7	46	-	47	31	12	43	8	6	14	141	1	1	28	-	28	9		9			-	39
22	30 — 5 juin	32	9	35		36	50	7	57	7	8	15	146	2		24		24	8	1	9	1	-	1	36
23	6 juin au 12 —	31	4	41	4	45	46	10	56	15	6	21	162	4	2	25	-	25	13		13	1		1	45
24	13 — 19 —	34	9	53	2	55	43	6	49	11	6	17	151	3	1	27	-	27	6	-	6		1	1	38
25	20 — 26 —	26	9	53	1	54	33	11	44	16	2	18	150	3	-	30		30	12	-	12	3	1	4	49
26	27 — 3 juil.	22	3	55		55	50	6	56	17	5	22	158	2		22	-	22	4		4	1	2	3	31
27	4 juil. 10 —	35	8	62		62	38	8	46	13	5	18	169	1	-	25		25	5	-	5	2	-	2	30
28	11 — 17 —	25	7	65	4	69	35	5	40	10	2	12	153	3	-	37	-	37	10	-	10	1		1	51
29	18 — 24 —	27	7	37	3	40	25	2	27	11	2	13	114	4		19		19	10		10	-	-	-	33
30	25 — 31 —	43	3	29		29	40	4	44	7	2	9	129	3	-	16	1	17	10		10				30
31	1er août 7 août	50	7	40		40	21	6	27	12	2	14	138	8	-	13	-	13	3	1	4		-	-	25
32	8 — 14 —	44	6	38	-	38	27	1	28	14		14	132	5	-	21		21	5	-	5	4	-	4	35
33	15 — 21 —	31	3	33	-	33	13	3	16	10	4	14	90	10	1	20	-	20	8	-	8	4	-	4	43
34	22 — 28 —	58	5	37		37	14	1	15	4	1	5	117	2	-	15		15	4		4		1	1	22
35	29 — 4 sept.	63	4	33	-	33	10	2	12	5	2	7	119	9	3	21	-	21	4		4	1		1	38
36	5 sept. 11 —	63	2	33		33	15	4	18	11	4	15	126	8	-	15	1	16	2	-	2	2	-	2	28
37	12 — 18 —	75	3	23	-	23	15	-	15	2	3	5	121	6		29		29	3		3		-	-	38
38	19 — 25 —	80	2	22		22	7	-	7	5	1	6	118	8	3	22		20	6	-	4			-	35
39	26 — 2 oct.	66	3	25		25	10	1	11	1	1	2	110	6		11	-	11	2	-	2	1	-	1	20
40	3 oct. au 9 —	72	5	27	2	29	13	2	15	6	3	9	129	9		18	-	18	2		2			-	29
41	10 — 16	37	1	37	1	38	9	1	10	2	2	4	90	6	-	25	-	25	1	-	1			-	31
42	17 — 23	46	2	22	1	23	2		2	4	1	5	80	6	-	16	-	16	1		1				23
43	24 — 30 —	46	5	24	2	26	8		8	4	2	6	90	4	-	21		21	-	-	-	-			25
44	31 — 6 nov.	56	0	48	1	49	10	-	10	3	3	6	120	6	1	15		15	3		3	1	-	1	26
45	7 nov. 13 —	36	2	32	-	32	11	-	11	8	2	10	90	8	-	21		21	2	-	2	-	-	-	30
46	14 — 20 —	37	4	30	-	30	10		11	5	5	10	94	8	-	20	-	20	5		5	-	-	-	30
47	21 — 27 —	42	9	43	-	43	16	2	18	10	-	10	142	4		15	-	16	3	-	3	-	-	-	22
48	28 — au 4 déc.	25	6	40	1	41	8	1	9	4		4	85	2	1	32	1	33	7	1	8	-	-	-	44
49	5 déc. 11 —	38	4	56	-	56	23	7	30	9	1	10	138	5		29	-	29	11	1	12	1	-	1	48
50	12 — 18 —	35	5	30	4	34	14	4	18	8	-	8	105	6	1	28	-	28	5	1	6		1	1	41
51	19 — 25 —	30	3	35	2	37	18	5	23	14	2	16	99	8	1	25		25	3	-	3	1		1	37
52	26 — 1er jan.	21	6	51	1	52	19		19	6	3	9	107	3	1	28	1	29	3	-	3		-	-	36
	TOTAUX	1.740	357	2.246	30	2.273	1.318	237	1.555	528	100	618	6.533	225	36	1.240	8	1.249	331	10	340	43	8	51	1.901

HOPITAUX DE LYON

STATISTIQUE PAR PÉRIODES HEBDOMADAIRES DES ADMISSIONS ET DES DÉCÈS AYANT POUR CAUSES LES MALADIES ÉPIDÉMIQUES CI-APRÈS :

FIÈVRE TYPHOÏDE, VARIOLE, DIPHTÉRIE, ROUGEOLE ET SCARLATINE.

Du 12 octobre 1889 au 2 Janvier 1891.

SEMAINES.		ADMISSIONS.								DÉCÈS.							
N° D'ORDRE.	DATES.	FIÈVRE TYPHOÏDE.	VARIOLE.	DIPHTÉRIE. Enfants.	DIPHTÉRIE. Adultes.	DIPHTÉRIE. Totaux.	ROUGEOLE.	SCARLATINE.	TOTAUX.	FIÈVRE TYPHOÏDE.	VARIOLE.	DIPHTÉRIE. Enfants.	DIPHTÉRIE. Adultes.	DIPHTÉRIE. Totaux.	ROUGEOLE.	SCARLATINE.	TOTAUX.
	Année 1889.																
41	12 oct. au 18 oct.	-	»	»	»	3	4	1	8	-	-	»	»	1	2	1	4
42	19 — 25 —	-	1	»	»	5	7	1	14	-	-	»	»	2	3	-	5
43	26 — 1er nov.	-	1	»	»	8	3	1	13	-	-	»	»	3	3	-	6
44	2 nov. au 8 —	15	-	»	»	10	12	1	38			»	»	5	1	-	6
45	9 — 15 —	12		»	»	5	12		29	2		»	»	1	1	-	4
46	16 — 22 —	11	2	»	»	8	3	2	26	2		»	»	7	1	-	[illegible]
47	23 — 29 —	8	2	»	»	14	7	5	36	1	-	»	»	8	2	-	11
48	30 — 6 déc.	7	1	»	»	8	7	2	25	1		»	»	5	1	-	7
49	7 déc. au 13 —	4	-	»	»	8	12	3	27	2	-	»	»	7	1	1	11
50	14 — 20 —	5	1	»	»	6	4	1	17	1	-	»	»	5	-	-	6
51	21 — 27 —	4		»	»	8	11	-	23	-		»	»	4	2	1	7
52	28 — 3 janv.	-		»	»	7	7	2	16	-	-	»	»	1	1	-	2
	Année 1890.																
1	4 jan. au 10 janv.	-	1	»	»	8	7	1	17		-	»	»	10	2	1	13
2	11 — 17 —		-	»	»	5	1	»	6		-	»	»	2	2	-	4
3	18 — 24 —	1	1	»	»	9	7	2	20	-		»	»	1		-	1
4	25 — 31 —	3	-	»	»	14	3	»	20		-	»	»	5	2	-	7
5	1er fév. au 7 fév.	1	-	»	»	7	4	»	12	-		»	»	6	1	-	7
6	8 — 14 —	-	-	»	»	17	8	1	26	-	-	»	»	8	-	-	8
7	15 — 21 —	3	-	»	»	15	8	1	27	1		»	»	8	-		9
8	22 — 28 —	3	-	»	»	11	1	1	16	-	-	»	»	7	-	1	8
9	1er mars au 7 mars	1		»	»	11	3	1	16	-	-	»	»	5		-	5
10	8 — 14 —	1	2	»	»	16	7	»	26	-	-	»	»	7	-		7
11	15 — 21 —	3	2	»	»	10	10	»	25	-	-	»	»	8		-	8
12	22 — 28 —	1	1	»	»	14	7	3	26	-	-	»	»	12	-	-	12
13	29 — 4 avril	2	1	»	»	6	7	4	20	-	-	»	»	4	-	-	4
14	5 avril au 11 —	-	2	»	»	4	3	»	9	1	1	»	»	5	-	-	7
15	12 — 18 —	-		»	»	23	3	4	30	-		»	»	12	-	-	12
16	19 — 25 —	-	2	»	»	6	4	4	16	-		»	»	2	-	1	3
17	26 — 2 mai	1	2	»	»	12	4	»	19		-	»	»	6	-	-	6
18	3 mai au 9 —	-	-	»	»	21	4	1	26		1	»	»	14	-	-	15
19	10 — 16 —		1	»	»	16	3	1	20	1	-	»	»	7	-	-	8
	A reporter	19	15	»	»	225	92	24	374	3	2	»	»	124	7	3	139
	Année 1890 (Suite).																
	Report	19	15	»	»	224	92	24	374	3	2	»	-	132	7	3	139
20	17 mai au 23 mai	1	1	»	»	24	9	4	39	-	1	-	-	9	-	-	10
21	24 — 30 —	-	-	»	»	15	2	1	18	-		-	-	10	-	-	10
22	31 — 6 juin		4	10	-	10	7	3	24	-		9	-	9		1	10
23	7 juin au 13 —	1	1	2	7	9	3	2	16	-	1	9	-	9	-	-	10
24	14 — 20 —	3	-	14	6	20	7	-	30	-	-	1	2	3	-	1	4
25	21 — 27 —	1	-	15	2	17	3	4	25	-	-	5	-	5	-	1	6
26	28 — 4 juill.	3	1	23	2	25	3	2	34	-		5	-	5	2	-	7
27	5 juill. au 11 —	2		12	1	13	2	1	18	-		9	1	10	-	1	11
28	12 — 18 —	4	1	8	2	10	-	2	17	-	-	3	1	4	-	-	4
29	19 — 25 —		-	6	1	7	-	4	11		-	2	-	2	-	-	2
30	26 — 1er août	3		9	1	10	7	1	21		-	2		2	1	-	3
31	2 août au 8 —	-	-	12	1	13	4	3	18	-		9	-	9	1	1	11
32	9 — 15 —		-	6	3	9		3	12	-	-	4	-	4	-	-	4
33	16 — 22 —	4		6	2	8	2	2	16	-	-	1		1	-	-	1
34	23 — 29 —	-		7	3	10	1	1	12	-		3	2	5			5
35	30 — 5 sept.	4	-	6	1	7	3	1	15	-		2	-	2		-	2
36	6 sept. au 12 —	5		7	1	8		-	13	-		1	-	1			1
37	13 — 19 —	5	-	10	-	10	1		16	-	-	-	-	-	1	-	1
38	20 — 26 —	6	-	11	-	11	-		17	1	-	9	-	9	1	-	11
39	27 — 3 oct.	5		3	2	5	2	1	13			2		2	1	-	3
40	4 oct. au 10 —	2	-	6	1	7			9	1		1	1	2	-	-	3
41	11 — 17 —	8		8		8		1	17	-		1		1	-		1
42	18 — 24 —	4	-	5		5	1	»	10	-	-	2	-	2		1	3
43	25 — 31 —	1	-	7	1	8	1	3	13	-	-	2	-	2		-	2
44	1er nov. au 7 nov.	5	-	8	3	11	-	-	16	1		6	-	6	-	-	7
45	8 — 14 —	6	-	12	1	13	-	1	19	-		5		5			5
46	15 — 21 —	5		5	-	5		2	12	-		-		-		1	1
47	22 — 28 —	1	-	8	-	8	2	1	12	-		6	-	6	-	-	6
48	29 — 5 déc.	3	1	10	2	12		-	16	-	-	8	-	8	-		8
49	6 déc. au 12 —	1	-	11	1	12		-	13		-		-	9	-	-	9
50	13 — 19 —	2		8	1	9	1	-	12	-		9	1	10	-	-	10
51	20 — 26 —	-	1	6	-	6	1	2	10	-	-	4	-	4	-	-	4
52	27 — 2 jan. 1891	-	1	9	1	10	-	1	12	-	1	7	-	7	-	-	8
	TOTAUX	104	29	272	58	581	130	98	923	8	5	130	[illegible]	282	[illegible]	9	317

MELUN. — IMPRIMERIE ADMINISTRATIVE.

www.ingramcontent.com/pod-product-compliance
Ingram Content Group UK Ltd.
Pitfield, Milton Keynes, MK11 3LW, UK
UKHW022326070726
13614UKWH00002B/977

9 782329 113005